과학과 종교의 시간과 공간

황치옥

생각의힘

차례

머리말

현대 물리학에 따르면 우리는 3차원의 공간[1]과 1차원의 시간이 서로 결합된 4차원의 시공간에 살고 있다. 아인슈타인(Albert Einstein)의 일반상대성 이론에서 두 물리 사건의 시간 간격과 공간 간격은 관측자의 (운동) 상태에 따라 다르지만 시간 간격과 공간 간격의 조합은 관측자의 상태와는 독립적으로 변하지 않는 불변량을 갖는다.[2] 이것은 시간과 공간이 서로 유기적으로 연결되어 있다는 것을 의미한다.

---

1 예를 들면 x, y, z축의 3차원 공간 좌표계에서 공간에 있는 한 점은 세 쌍의 실수로 표현할 수 있다. 이러한 방법은 철학자 데카르트가 맨 처음 사용하기 시작하였다고 알려져 있다.

또한 이러한 4차원 시공간에는 시작이 존재하는 것으로 여겨지고 있다. 1929년에 허블이 은하단들이 서로 멀어져 가고 있다는 허블 법칙을 발표한 이래 현대 천문학의 더욱 정밀한 관측을 통해서 우주의 팽창은 명백한 것으로 입증되고 있다. 따라서 팽창하는 우주를 시간에 대해 거슬러 올라가면 자연스럽게 우주의 시작점에 도달하게 될 것이다.

그러나 우리가 4차원 시공간에서의 우주의 팽창을 이해하기는 쉽지 않다. 공간의 차원을 한 차원 낮춰 3차원 공간 안에 있는 2차원 풍선 또는 구(球)의 표면을 3차원 우주 공간으로 생각해 보자. 그리고 풍선이 팽창하는 것을 상상하면 이를 간접적으로 이해할 수 있다. 풍선의 표면에 중력으로 묶여 있는 은하단을 한 점으로 그려 넣으면 은하단 사이의 팽창은 풍선 표면이 팽창하는 것과 같다. 즉 우주 공간 안에서 보았을 때 우주 팽창은 중심이 없는 팽창이 된다. 일반인들은 우주의 팽창을 3차원 공간의 한 중심에서 폭탄이 폭발하는 것처럼 생각하곤 하는데, 우주의 팽창은 3차원 공간에서 중심이 없는 팽창이다. 과학에서는 우주의 시간도 빅뱅에 의한 시공간의 시작에 따라 시작되었다고 말하고 있다.

한편 과학에서는 에너지를 포함하는 물질론인 유물론적 사고

---

2 $d\tau^2 = \sum_{\mu,\nu=0}^{3} g_{\mu\nu} dx^\mu dx^\nu$. 여기에서 $d\tau$은 관측자의 상태에 관계없이 변하지 않는 불변량이며, 시간을 공간의 한 성분처럼 간주하여 앞의 계수 $g_{\mu\nu}$는 시공간의 기하 상태에 따라, dx^μ와 dx^ν는 시공간의 미분소로 정의되는 값이다. 일반적으로 μ, ν가 0일 때는 시간에, μ, ν가 1에서 3 사이에 있을 때는 공간에 관계되는 값이다.

| 2차원 우주의 팽창

가 지배하고 있는 반면, 종교에서는 영적 정신공간이 먼저 존재하였으며 그 정신공간에 존재하던 신적 존재들이 물리적 시공간을 만들었다고 보고 있다. 정신이 먼저 존재하였다는 관념론을 주장하고 있는 것이다.

시간과 공간에 대한 소고인 이 책은 종교적 신념이 깊은 필자가 오랫동안 과학을 연구하면서 과학과 종교가 말하는 서로 다른 이야기를 조화시켜 보려고 끊임없이 노력하는 과정에서 나온 산물이다. 이 책에서는 시간과 공간에 관해 과학과 종교에서 말하는 것을 종교를 중심으로 조화시켜 보려고 한다. 필자는 과학이 아직 충분히 성숙하지 않아[3] 종교와 다른 주장을 하고 있는 것

---

3 인간의 본성은 통합을 지향하여 완결된 신념 체계 안에 그 의미 체계의 정점에 있는 통합적 어휘인 핵심어가 존재하는 경우가 많다. 예를 들면 도교의 도(道), 유교의 역(易), 불가의 불성(佛性), 기독교의 신(神)과 같은 핵심어이다. 이 핵심어들은 각 의미 체계 안에서 모든 것을 설명한다. 하지만 과학에는 아직도 그러한 의미 체계의 핵심어가 없고, 입자물리에서 대통일이론을 향해 나아가는 것과 같이 아직도 통합된 의미 체계를 향해 나아가고 있는 중이다. 이런 의미에서 과학은 아직도 미완성이며, 앞으로 뇌과학 등을 통해 의식까지도 포함하는 통합적 의미 체계로 점차 나아갈 것이다.

처럼 보인다고 믿기 때문이다.

이 책에서는 기존에 알려져 있는 사실들의 기술을 최소화하고 필자의 관점에서 정리한 시공간에 대한 나름대로의 생각을 틀로 하여 과학과 종교 간의 대화를 시도해 보고자 한다. 이러한 관점에서 이 책이 과학과 공학, 그리고 종교에 깊은 관심을 갖고 있는 독자들에게 많은 도움이 되기를 바란다.

황치옥

1.
시간

—　　　　　　시간이란 무엇인가? 시간은 고대로
부터 여러 철학자나 현인들이 중요하게 사고하였던 주제였다.
그런데 시간에 대한 여러 언급들에서 시간이라는 동일한 단어
를 사용한다고 하더라도 그것이 의미하는 바는 같지 않다. 하나
의 동일한 시간이 아니라 다양한 시간에 관하여 이야기하고 있
는 것이다.

실제로 시간에는 여러 종류가 있다. 물리적 시간, 우주 시간,
논리적 시간, 생물학적 시간, 심리적 시간, 허수 시간 등이 그것
이다. 이 장에서는 여러 가지 시간에 대해 하나하나 살펴보도록
하자.

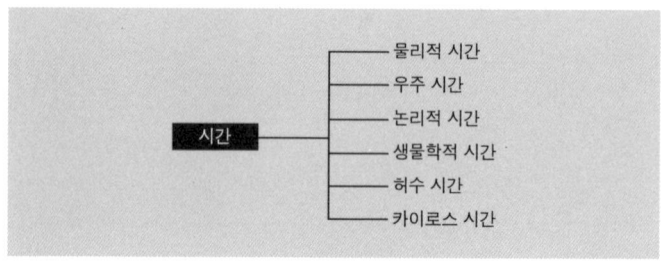

| 시간의 종류

물리적 시간[4]

—　　　　　　　　　　　　　물리적 시간(physical time)의 단위 1초는 시각과 시각 사이의 일정한 시간 간격이다. 이와 관련하여서는 먼저 주파수와 주기의 개념을 이해하여야 한다. 물리학에서는 반복되는 사건이 1초로 정의되는 시간 사이에 일어나는 횟수를 주파수 또는 진동수[5]라고 하고, 한 번 반복되는 사건의 시간 간격을 주기라고 한다. 따라서 진동수와 주기는 역수의 관계, 즉 '주기=1/주파수'이다.

세슘 원자를 통해 1초의 단위가 정의되기 이전에는 매일 반복되는 지구의 자전에 기초한 천문시에 따라 시간이 정의되었다. 이후 물리적 시간의 정확도에 대한 요구가 점점 커짐에 따라 세슘의 진동수를 이용한 시간 단위로 바뀌게 되었다. 1967

4　김경렬(2013), 『시간의 의미』, 생각의힘.

5　진동수의 단위는 헤르츠(Hz)이며 이는 1초 동안에 반복되는 사건의 횟수로 정의된다.

년 제13차 국제도량형총회[6]에서 원자번호 133번 세슘 원자의 바닥상태(ground state) 초미세 구조(hyperfine structure) 전이에서 흡수 또는 방출하는 빛[7]의 주파수를 9,192,631,770 Hz로 정의하면서 1초의 물리적 시간을 이에 해당하는 주파수가 갖는 시간 간격으로 정의하였다. 즉 물리적 시간은 일정한 시간 간격으로 흘러가는 것이라고 추상된다.

물리적 시간은 물리 현상을 과학적으로 다룰 때 사용되는 시간이다. 모든 동력학 물리 관찰자는 시계와 자로 관찰된 사실을 기록하여 물리 법칙에 사용한다. 물리학자들은 이러한 모든 관찰자의 운동 상태에 관계없이 기술되는 물리 법칙이 존재한다고 믿는데, 이러한 대표적인 이론이 아인슈타인의 특수상대성 이론과 일반상대성 이론이다. 앞에서도 언급한 바 있지만, 상대성 이론에서는 관찰자의 운동 상태에 관계없이 시공간의 동일한 두 사건에 대해 모든 관찰자가 시공간이 조합된 불변량을 갖는다. 즉 두 관찰자가 갖는 시공간 불변량은 두 관찰자 간의 그에 해당하는 좌표 변환으로 서로 관련성을 갖고 있다.

---

6 프랑스어로는 Conférence Générale des Poids et Mesures(CGPM), 영어로는 General Conference on Weights and Measures이다.

7 빛은 파장의 성질을 가지며, 어떤 원자 내에서 전자가 낮은 에너지 준위에서 높은 에너지 준위로 전이될 때 흡수되고, 전자가 높은 에너지 준위에서 낮은 에너지 준위로 전이될 때 방출된다. 이때 흡수되고 방출되는 빛은 고유한 진동수를 갖는다.

우주 시간(cosmic time)

—　　　　　　　　　우주 시간은 천체물리 중 우주의 기원을 다루는 우주론에서 나타나는 시간이다. 일반적으로 일 반상대성 이론에서 우주의 진화를 다룰 때, 우주의 어느 방향 을 보더라도 우주가 동일하게 보일 것이라는 우주의 등방성 (isotropy)과 우주 시간이 같은 우주의 어느 곳도 동일할 것이라 는 우주의 균질성(homogeneity)을 가정한다. 균질한 우주의 팽창 은 우주 크기, 밀도 등이 시간 매개 변수에 대한 함수가 될 것이 라는 것을 알려 주는데, 이때 시간 매개 변수가 우주 시간이다.

　먼 우주에서 오는 빛은 유한한 속도를 갖기 때문에, 우리는 우주 관측을 통해 우주 시간의 과거를 보게 된다. 멀리 보이는 것일수록 우주의 시간이 오래된 것이라는 이야기이다. 20억 광

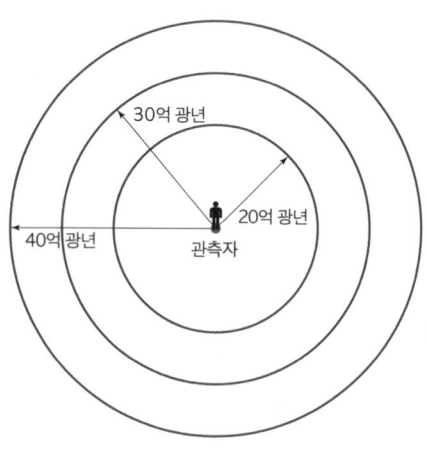

| 우주 시간의 과거 관측: 20억 광년 떨어진 곳은 빛이 도달하 는 데 20억 년이 걸리기 때문 에 우리는 우주 시간 20억 년 전의 과거를 보게 된다.

년[8] 떨어진 곳을 관측할 경우 현재 우리는 우주 시간 20억 광년 전의 모습을 관측하고 있는 것이다. 또한 우주의 수명이 유한하기 때문에 우리가 관측할 수 있는 거리도 유한해지는데 그 거리의 한계를 우주의 지평선이라고 부른다.

논리적 시간

— 물리적 시간과 밀접히 관련되어 있지만, 사건의 인과 순서에 따라 정의되는 시간을 논리적 시간(logical time)이라고 한다. 흔히 불교에서 말하는 삼세, 즉 과거, 현재, 미래가 그것이다. 물리학의 상대성 이론에 따르면 인과로 연결되어 있는 사건의 순서는 관측자의 상태에 관계없이 변할 수 없다.

예를 들면 아래 그림에서처럼 서로 10억 광년 떨어진 A와 B라는 두 별이 있다고 하자. 그리고 두 별 중간에 있는 관찰자 O_1

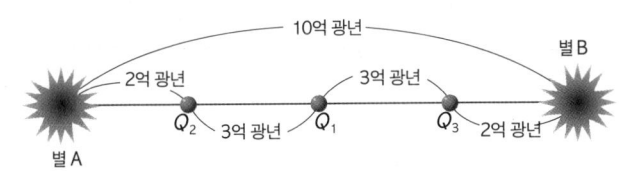

| 별 폭발의 순서에 대한 상대성

---

8 1광년은 빛이 1년 동안 갈 수 있는 거리이다.

이 보았을 때 두 별이 동시에 폭발하였다고 하자. 이때 별 A에서 2억 광년, 별 B에서 8억 광년 떨어져 있는 관찰자 O_2는 별 A가 먼저 폭발한 것으로 알 것이다. 반면 별 A에서 8억 광년, 별 B에서 2억 광년 떨어져 있는 관찰자 O_3는 별 B가 먼저 폭발한 것으로 알 것이다. 여기에서 이 두 별의 폭발은 인과적으로 연결된 사건이 아니기 때문에 그 순서가 바뀔 수 있는 것이다.

논리적 시간은 수학에서 순서(ordering) 가능한 실수(real number)에 대응시킬 수 있다. 우주의 탄생과 관련하여 우주 시간의 시작과 같은 시간은 논리적 시간의 시작이라고 보아야 한다.

생물학적 시간

— 생물학적 시간은 생물의 생장 속도와 노쇠 속도를 물리적 시간과 비교하여 서술할 때 나타나는 시간이다. 극단적인 예로 아주 빨리 늙어버리는 증상인 조로증과 불로장생한다는 신선을 들 수 있다. 조로는 물리적 시간의 흐름에 비해 생물학적 시간의 흐름이 빨라 다른 동일 생물보다 빨리 늙게 되는 병적 현상이고, 신선은 호흡을 통해 신체의 노쇠 속도를 지연 또는 정지시킬 수 있다고 하였을 때 나타나는 극단적인 예이다.

생물학적 시간과 유사한 것으로 생물에서 사용하는 체내 시계 또는 생물 시계(biological clock)라고 불리는 것이 있다. 이것은 생물의 몸속에서 외부 시간의 경과를 인식하고 생리적으로 호응하는 데 쓰이는 시계이다. 생물은 이러한 생물 시계로 외부의 일정 시간에 맞추어 여러 가지 기능을 반복하게 된다. 가령 겨울이 오면 개구리, 뱀, 곰 등이 겨울잠에 드는 것을 예로 들 수 있다. 이러한 생물 시계는 아메바나 집신벌레처럼 하나의 세포로 이루어진 단순한 생물 등에도 있다고 알려져 있다.

심리적 시간

—　　　　　　　　　　　　당(唐)나라 심기제(沈旣濟)라는 사람이 쓴 『침중기(枕中記)』라는 전기소설(傳奇小說)에는 한단지몽(邯鄲之夢) 이야기가 실려 있다. 자신의 생이 고단하다고 한탄하며 부귀영화를 원한다고 말하는 노생(盧生)이라는 사람에게 도사(道士) 여옹(呂翁)이 청자(靑瓷)로 된 베개를 주어 잠들게 한다. 노생은 주막집 주인이 짓고 있던 메조밥이 아직 뜸도 들지 않을 정도의 짧은 시간 동안의 꿈속에서 온갖 부귀영화를 누리다가 깨어난다. 그리고 인생의 부질없는 욕망을 막아 준 도사에게 감사하고 주막을 떠났다는 이야기이다. 인생의 덧없음을 나타내는 유사한 이야기로 남쪽 나뭇가지의 꿈이란 뜻의 남가일몽(南柯一夢)과 한자성어로 우리에게 잘 알려진 한바탕의 봄 꿈이라는 뜻의 일장춘몽(一場春夢)이 있다.

칼 세이건(Carl Edward Sagan)의 원작 소설을 기반으로 만들어져 1997년에 개봉한 "콘택트(Contact)"라는 영화에서는 여주인공이 외계로부터 온 신호를 수신하고 해독하여 성간 이동장치를 만들어 직녀성에 도착한다. 그녀는 직녀성에서 어린 시절에 잃은 아버지의 형상을 만나 오랜 시간 동안 이야기를 나누기도 한다. 하지만 밖에서 보았을 때 성간 이동장치는 발사된지 단 몇 초 만에 바다에 떨어진 것으로 관측된다.

이러한 이야기들은 주인공이 겪는 물리적 시간의 인식이 밖에서 관찰한 사람들이 겪는 물리적 시간의 인식과 차이가 나는 것으로, 심리적 시간의 문제라고 볼 수 있다. 즉 심리적 시간은 인간이 사물을 인식하는 속도와 관련된 시간이다. 간단한 다른 예로 자동차 사고와 같은 극단적인 상황에서 사고 당사자가 느끼는 굉장히 느린 시간의 흐름과 사고를 보는 관찰자가 느끼는 시간의 흐름이 다른 경우를 들 수 있다.

아인슈타인은 상대성 이론을 일반인들이 이해하기 쉽도록 설명해 달라는 요구를 받고 우스개처럼 다음과 같이 이야기하였다고 한다. "벤치에서 아름다운 소녀와 이야기를 하면 1시간이 1분처럼 짧게 느껴지는 반면 같이 있기 싫은 꼬부랑 할머니와는 1분이 1시간처럼 길게 느껴질 것이다." 이 일화는 심리적 시간의 상대성을 빌어 상대성 이론에서 시간이 관찰자에 따라 상대적이라는 것을 잘 설명해 주고 있다.

허수 시간

— 　　　　　　　　 허수의 시간은 양자역학과 양자장론과 같은 현대 물리학에 나타나는 시간이다. 허수 시간은 논리

적 시간과 대조적인 것으로 인과적 관계로 순서 지울 수 없는 꿈속 사건들의 시간과 같은 것을 말한다. 수학에서 허수는 순서를 부여할 수 없는 수[9]이다.

동양과 서양에 다음과 같은 두 일화가 있다. 중세의 유명한 신학자 아우렐리우스 아우구스티누스가 지은 기독교 고전 중의 하나인 『고백록(Confessiones)』에는 "하나님이 천지를 창조하시기 이전에는 무엇을 하고 계셨느냐?"라고 질문하는 제자에게 "하나님은 이 세상을 시간 안에서 창조하지 않으시고 시간과 함께 창조하셨다."[10]라는 내용이 나온다. 또한 고려 고종 때 여러 절의 옛 이야기와 선사들의 중요한 말을 모아 승려 혜심(慧諶)이 지은 선불교 책자 『선문염송집(禪門拈頌集)』에는 다음과 같은 이야기가 수록되어 있다. 어떤 스님이 조주고불(趙州古佛)이라고 칭송 받는 조주(趙州) 선사에게 다음과 같이 물었다. "만법이 하나로 돌아가는데, 그 하나는 어디로 돌아갑니까?" 이에 조주 선사는 "내가 청주에 있을 때 베적삼 한 벌을 만들었는데,

---

9 복소수에 순서를 부여하기 위해서는 다음과 같은 사전식 순서지움을 생각해 볼 수 있다. a, b, c, d가 실수일 때 $a < c$ 또는 $a = c$ 이고 $b \leq d$ 이면 $a + bi \leq c + di$ 이다. 이 순서지움은 실수의 순서지움을 포함하고 있다는 것을 쉽게 알 수 있다. 그렇지만 이 순서지움의 정의는 다음과 같은 간단한 경우에도 모순이 존재함을 알 수 있다. 즉 A, B, C가 각각 복소수일 때 순서지움이 가능하다면 순서지움의 정의에 따라 유도된 다음과 같은 정리, 즉 $A \leq B$ 이고 $0 \leq C$ 일 때 $AC \leq BC$ 이어야 하지만 $A = 2 + 5i$, $B = 8 - i$ 이고 $C = 1 - 2i$ 일 때 순서지움의 정의에 따르면 $A < B$ 이지만 $AC = 12 + 3i$ 이고 $BC = 6 + 17i$ 가 되어 순서지움의 정의에 따라 $AC \geq BC$ 가 되어 성립하지 않는다는 것을 알 수 있다.

10 제자의 질문에 대해 "그렇게 질문한 자들을 위해 지옥을 만들고 계셨다."라고 대답하였다고 잘못 알려져 있기도 하지만, 이 대답에 대해서도 우리는 동일한 결론에 도달할 수 있다.

무게가 일곱 근이었다."라고 대답하였다고 한다.[11]

이 두 일화에서, 아우렐리우스가 질문에 답한 그 시간은 무엇이며, 하나님이 천지를 창조하기 전의 시간은 무엇인가? 또한 만법이 하나로 돌아간 그곳은 무엇인가? 앞에서 말한 논리적 시간이 무엇인지 안다면, 우주 창조 이전의 시간은 허수의 시간을 말하는 것이고 만법이 하나로 돌아간 그곳의 시간도 허수의 시간이라는 것을 알 수 있다. 우주는 인과론석으로 연결된 (causally-connected) 사건들(events)의 열들(sequences)이 모인 집합이라고 말할 수 있으며 인과론적 시간이 시작된 것이 우주 창조의 시작일 것이다.

크로노스(chronos)와 카이로스(kairos)의 시간

—   "과거는 지나가 버렸고, 미래는 아직 오지 않았고, 현재는 (너무나)[12] 추상적입니다. 영원의 입장에서 볼 때 그는 아직도 시간에 사로잡혀 있습니다."[13] 이 구절은 캐린 듄(Carrin Dunne)이 쓰고 황필호가 번역한 『석가와 예수의 대화』라는 책 에 나오는 구절이다. 『석가와 예수의 대화』는 캐

---

11 조주 선사의 답은 질문과 상관없는 엉뚱한 답변이다. 이는 시간이 없는 곳에서 시간에 대한 질문이 성립하지 않는다는 의미이며, 논리적으로 엉뚱한 답변을 함으로써 논리를 벗어나 실재를 보이고자 하는 선문답의 전형적인 패턴이다.

12 필자가 삽입하였음.

13 캐린 듄 지음, 황필호 역(1980), 『석가와 예수의 대화』 우일문화사.

린 듄이 자신에게 일어난 영적 여행, 즉 자신의 마음속에서 일어난 인류의 위대한 스승이신 두 성인 석가와 예수의 가상 대화를 기록한 책이다. 위 구절의 조금 앞에 "그 귀중한 순간에 그는 시간의 충만함에 도착합니다."라는 구절도 나온다. 흘러가는 시간을 붙잡으려고 하면 위 구절에 나와 있는 것처럼 과거는 지나가 버려 붙잡을 수 없고, 미래는 아직 오지 않았으니 또한 붙잡을 수 없으며, 현재는 너무나 추상적이어서 붙잡으려고 하면 금방 과거로 흘러가 버려 시간을 붙잡으려는 우리는 항상 시간에 쫓기게 된다. 하지만 다시 생각해 보면 지나가 버린 과거나 아직 오지 않은 미래는 언제나 우리의 생각 속에서만 존재하고 우린 항상 현재에 살 수밖에 없다.

고대 그리스인들은 시간을 두 개의 헬라어인 크로노스(chronos)와 카이로스(kairos)로 이해하였다. 크로노스(chronos)는 물리적 시간이나 논리적 시간처럼 일정하게 흘러가는 시간을 의미하고 카이로스(kairos)는 때가 꽉 찬 시간으로 구체적 사건의 특별한 의미로 파악되는 영원한 시간을 의미한다. 위에 인용한 구절에서 '그 귀중한 순간'이 바로 카이로스 시간이다. 진정한 카이로스의 때는 현재에서의 영원한 시간에 대한 깨달음의 시간일 것이다.

또 다른 카이로스 시간의 예로는 구약성경의 전도서에 나오는 '때'를 들 수 있다. "범사에 기한이 있고 천하만사가 다 때가 있나니 날 때가 있고 죽을 때가 있으며 심을 때가 있고 심은 것을 뽑을 때가 있으며 (중략) 하나님이 모든 것을 지으시되 때를 따라 아름답게 하셨고 또 사람들에게는 영원을 사모하는 마음을 주셨느니라. 그러나 하나님이 하시는 일의 시종을 사람으로 측량할 수 없게 하셨도다." (전도서 3장 1~11절)

우주, 세계?

—   '우주(宇宙)'의 뜻은 무엇일까? 다른 단어도 한자를 음미해 보면 때때로 그 의미가 새롭게 다가오는 것이 많은데, 이 단어 역시 한자를 음미해 보면 한자의 철학적 유용성을 새삼 느낄 수 있을 것이다. 사전에는 두 글자 모두 '집'의 의미가 있다고 나와 있다. 그렇지만 좀 더 자세히 살펴보면, 앞부분의 집은 갓머리 아래 글자를 보아 공간을 뜻하는 말이고, 뒷부분의 집은 갓머리 아래 글자가 '말미암을 유'이므로 시간을 뜻하는 말이라는 것을 알 수 있다. 뒷부분의 시간에 관해 생각해 보면 더 심오한 의미를 알 수 있는데, 뒷부분에서 말하는 시간은 인과적으로 연결된 사건의 순서에 의해 매겨지는 시간이라는 점이다. 즉 뒷부분의 시간은 우리가 앞에서 살펴본 논리적 시간이다. 상대성 이론에서 논리적 시간의 순서는 관찰자의 운동 상태나 위치에 관계없이 보존된다.

더불어 '세계(世界)'의 뜻도 한자를 통해 살펴보면, 앞의 '세(世)'는 불교에서 말하는 삼세(三世), 즉 과거세, 현재세, 미래세를 말하며 뒤의 '계(界)'는 경계(境界)에서의 계와 같은 뜻으로 공간을 가리키는 말이란 것을 알 수 있다. 이 단어에서도 시간의 의미를 논리적 시간으로 이야기하고 있다.

위 두 글자에서 보건데 동양적 사유에서 시간은 논리적 시간을 말한다. 이것은 현대 과학에서 말하는 물질적 인과론과는 다른 인간의 도덕적 행위의 인과를 말하는 동양 종교의 도덕적 인과론의 영향이라고 생각된다.

기원론에 대하여

— 기원론은 논리적 시간을 거슬러 올라가 인과를 따지는 것이다. 현대 과학을 크게 직접적, 반복적으로 재현 가능한 실험과학과 간접적으로 증명할 수밖에 없는 기원과학으로 분류하였을 때 기원과학에서 다루는 우주론과 진화론이 기원론에 해당한다. 기원과학은 실험과학과 비교하였을 때 신뢰도가 더 떨어진다고 할 수 있으며 더 많은 인문학적 상상력이 요구되는 과학이다. 기원과학은 탐정이 범죄 현장을 보고 범죄를 재구성하는 일과 비슷하다고 말할 수 있다.

우리가 가질 수 있는 기원론은 세 가지뿐이다. 첫째는 직선형

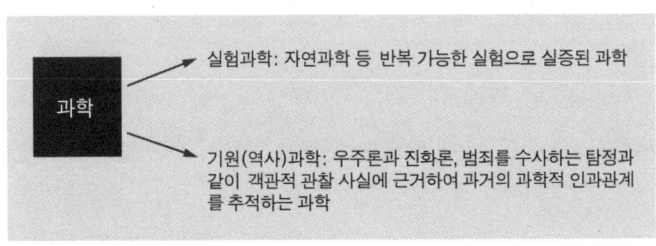

| 과학의 대분류: 실험과학과 기원과학

으로 무한히 거슬러 올라가 끝이 없는 경우이며, 둘째는 원형으로 순환론에 해당하는 것이고, 마지막은 무한한 것을 처음으로 삼는 경우이다. 이 중에서 우주의 유한성을 고려하고 모순을 피하기 위해서 세 번째가 가장 선호된다.

기독교에서는 무한한 신을 처음에 두고 있고, 자연과학과 동양은 우주와 자연이 영원 전부터 존재하였던 것으로 간주한다. 특히 자연과학 중 물리학에서는 우주가 생기기 전 양자 바다(quantum sea)를 가정한다. 동양의 불교도 흡사하지만 모든 원인의 시작을 '업'이라는 개념으로 설명한다.

지층과 화석의 격변론적 해석

— 　　　　　　　　　근래에 필자의 고향인 전남 광양시 옥룡면에 수십 년 만에 엄청난 폭우가 쏟아졌다. 이로 인해 옥룡면의 중앙을 길게 가로질러 흐르는 옥룡천의 모든 다리가 끊어지고, 하천에 많은 토사가 쌓이면서 하천의 흐름이 바뀌었다. 얼마나 많은 양의 폭우가 쏟아졌는지, 반대편 산에서 보았더니 물이 벌떡 일어나 내려오는 것처럼 보였다고 한다. 잠시 다음과 같이 상상해 보자. 몇 년 후에 지질학자가 옥룡천의 지질 변화를 연구한다면 과연 그가 매년 조금씩 변화하는 하천의 변화와 수십 년 만에 발생한 폭우에 의한 하천의 변화를 구분해 낼 수 있을까? 필자는 모든 지층은 매일, 매년 똑같이 반복되는 동일 과정과 아주 가끔씩 일어나는 격변이 섞여 있는 것

이라고 믿는다.

현행 제도 교육에서는 지층과 화석을 동일과정론에 근거하여 진화론의 논거로 활용하고 있다. 하지만 1980년 5월 18일 미국 워싱턴 주에 있는 세인트 헬렌 산(Mt. Saint Helen)에서 일어난 화산 폭발은 격변에 의해 지층이 빠른 시간 안에 형성될 수 있다는 것을 보여 주었다. 또한 실험실 내 수조관에서 이루어진 한 실험을 통해서도 지층의 형성이 빠른 저탁류에 의해 형성될 수 있다는 것을 알 수 있다.[14] 이와 같이 지층이 매우 빠른 시일 안에 형성될 수 있다는 사실에 근거하여 지층 속에 있는 화석을 살펴보면 대부분의 화석이 살아 있는 듯한 이유를 충분히 이해할 수 있다.

| 세인트 헬렌 산의 화산 폭발에 의해 빠르게 형성된 지층을 보여 주는 그림. 사람의 키와 지층의 두께를 비교해 보라.

14　인터넷 사이트(http://www.sedimentology.fr/)에서 지층 형성 실험을 녹화한 동영상을 볼 수 있다.

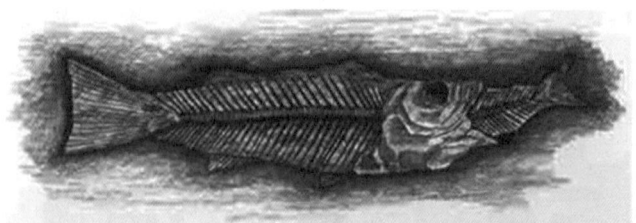

| 물고기를 삼키다가 화석이 된 물고기

| 긴 물고기 안에 갇힌 작은 물고기

| 살아 있는 듯한 물고기 화석

2.
공간

         —   워쇼스키 형제가 제작하여 1999년
5월에 개봉한 할리우드 SF 액션영화 "매트릭스(The Matrix)"는
컴퓨터 그래픽을 사용하여 총알을 피하는 등 다양하고 신선한
액션 영상을 선보인 것과 함께 은유와 암시로 가득찬 대화 등을
통해 철학적인 주제를 표현한 작품으로 유명하다. 그런데 이 영
화의 배경을 들여다보면 더욱 흥미 있는 사실을 발견하게 된다.
이 영화의 주인공 네오는 자신이 사는 세계가 매트릭스라고 불
리는 가상 세계인 것을 알게 되고, 이 가상 세계에 갇혀 살고 있
는 인류를 구원하려고 한다. 이 영화의 배경은 먼 미래에 지금
까지 인류가 발견한 세 공간, 즉 정신공간, 물리공간, 가상공간
이 하나로 합쳐진 세계이다. 거대한 인공지능을 갖춘 컴퓨터가
만들어 내는 가상공간 안에, 물리공간에 있는 모든 것을 집어넣

고 인간의 뇌를 컴퓨터에 연결시켜 인간들도 그 안에 살고 있는 세상인 것이다.

인류는 과학이 발달하기 전에는 정신공간과 물리공간을 제대로 구분하지 못하였다. 그래서 아주 먼 과거의 원시시대에는 정신공간과 물리공간이 혼재하는 신화와 전설이 많이 만들어졌다. 근대에 들어와 과학의 발전으로 물리공간 안에서 실험과 관찰, 관측이 이루어지기 시작하면서 물리공간 안에서 작용하는 과학, 즉 인간의 이성과 같이 논리를 따르는 물질의 변화를 지배하는 자연 원리들을 알게 되기 시작하였다.

2.1 물리공간

물리공간은 물질이 존재하여 채울 수 있는 그 무엇이다. 두 물리 사건의 물리공간 간극은 이미 앞에서 언급하였던 것처럼 시간의 간극과 밀접하게 관련되어 시공간 간극을 이룬다. 이러한 물리공간도 우주의 빅뱅으로부터 생겨났다. 그리고 물리공간은 우주 시간이 유한함에도 우주가 팽창함에 따라 계속 늘어나고 있다. 또 빛의 속도가 유한하기 때문에 우리가 관측할 수 있는 물리공간도 늘어나고 있다. 즉 관측 가능한 우주의 크기가 늘어나고 있는 것이다.

마이컬슨-몰리(Michelson-Morley) 실험에 의해 빛, 좀 더 일반적인 물리적 의미로 전자기파를 매개하는 것으로 가정되던 에테르가 존재하지 않는다는 것이 밝혀졌고, 전자기파는 허공을 매개체 없이 이동한다고 믿어졌다. 후에 양자장론(quantum field theory)에 따라 물리공간은 아무것도 없는 텅 빈 것이 아니라 생성과 소멸을 반복하는 양자 바다로, 그리고 허공에서 전기장과 자기장이 서로 상호 작용하면서 전파되는 것으로 이해되고 있다.

물질이 존재할 수 있는 장소를 물리공간이라고 한다면, 물질을 이루고 있는 입자에 대해 생각하면서 공간을 이해해야 한다. 즉 입자가 존재할 수 있는 장소를 물리공간이라고 본다면 양자역학을 이해할 필요가 있다. 아주 작은 미시의 세계로 들어가면, 물리의 양자역학이 지배하는 양자 공간(quantum space)이 있다. 양자역학에서는 입자가 존재할 수 있는 양자 공간을 양자 상태(quantum state)라고 부른다. 양자역학에서 모든 입자는 그 통계물리 성질에 따라 동일한 양자 상태에 두 개 이상의 입자가 존재할 수 없는 페르미온(Fermion)과 한 양자물리 상태에 여러 개의 입자가 동시에 존재할 수 있는 보존(Boson)으로 나누어진다. 양자역학에 따르면 보존은 0, 1, 2, …… 등과 같은 정수의 스핀을 갖고 페르미온은 1/2, 3/2, …… 등과 같은 반정수의 스핀을 갖는다.

물리공간에서 길이의 정의

—   길이 1미터의 정의는 여러 번 바뀌었다가 현재의 정의로 정착되었다. 대표적인 예를 들면, 1899

| 1899년부터 1960년까지 미터의 정의로 사용되었던 국제 미터 원기(자료: Wikimedia)

년 국제도량형총회에서 길이 1미터는 온도 273.16 K와 압력 1바(bar)에서 단면이 X자인 백금-이리듐 합금 막대를 사용하여 정의되었다. 이후 동위원소 파장의 길이에 대한 것으로 바뀌었다가 최근에는 진공 중에서 모든 관찰자에 대해 불변인 광속을 기반으로 정의되었다. 길이 1미터는 빛이 진공 중에서 1/299,792,458초 동안 진행하는 거리로 정의된다. 즉 오늘날 길이는 빛과 시간에 의해 결정된다.

2.2 가상공간

가상공간의 발전

—   가상공간은 물리공간에서 모방을
통한 인공물이 발전함으로써 시작되었다고 할 수 있다. 인류는
자연을 모방하여 기구를 발전시키고 인공 맛, 인공 향 등의 발
명을 통해 가상공간을 시작하였다.

가상공간은 기계식 기구의 발명을 거쳐 전자 기구가 발명됨
으로써 더욱 발전하였다. 최초의 가상공간이라고 할 수 있는 것
은 축음기로, 이것은 소리로만 이루어진 가상공간이다. 이후 가
상공간은 시각적인 것도 담을 수 있는 영화, 텔레비전을 통해
더욱 발전하였고, 컴퓨터의 출현으로 발전이 가속화되었다. 미
래에는 후각, 미각, 촉각을 포함하여 오감 모두를 담은 가상공
간, 즉 매트릭스에 나오는 물리공간을 완전히 그대로 담은 가상
현실로 발전해 나갈 것이다.

가상공간에서 과학과 공학: 계산과학

—   인류는 수세기 동안 물질세계를 제
대로 이해하지 못하고 미신에 가까운 이론의 세계인 정신공간
에서만 살았다. 이후 실험과 관찰, 관측을 통하여 인간의 이성
으로 이해할 수 있는, 즉 수학적이고 논리적인 언어로 기술할
수 있는 물질세계를 발견하고, 지금으로부터 수십 년 전에 컴퓨

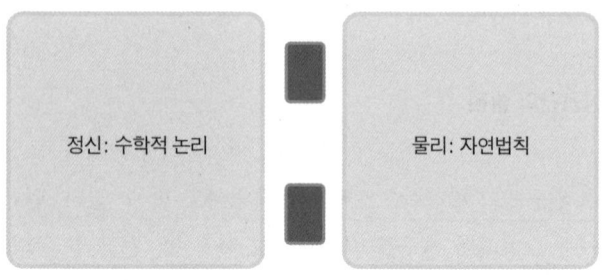

| 정신: 수학적 논리 | 물리: 자연법칙 |

| 근대 과학의 발견. 실험과 관찰로 발견된 물질세계가 인간 정신세계의 산물인 수학적 논리를 따르는 것은 우연인가?

터를 발명함으로써 가상공간의 세계를 열게 되었다.

시간이 지남에 따라 개인용 컴퓨터의 급속한 발전과 이에 따른 삶의 많은 영역으로의 침투로 e-business, e-government 등의 용어가 생겨났고, 과학과 공학 분야에서도 e-science란 용어가 만들어졌다. 처음에는 슈퍼 컴퓨터로만 가능하던 많은 계산들이 요즘 들어서는 개인용 컴퓨터로도 거뜬히 가능한 수준이 되었고, 적은 비용으로도 개인용 컴퓨터를 묶어 클러스터를 만들고 슈퍼 컴퓨터처럼 사용할 수 있는 시대가 되었다. 또한 산업체에서도 항공기나 자동차를 제조하기 위해 일련의 원형들을 직접 만들어 실험하지 않고 계산공학을 이용하여 설계를 할 수 있게 되었다. 이와 같이 계산공학의 비용 절감이라는 장점 때문에 많은 사람들이 계산공학에 관심을 가지게 되었다. 이러한 개인용 컴퓨터의 과학과 공학으로의 침투와 산업체에서의 활용으로 모든 과학도와 공학도가 계산과학과 공학에 필요한

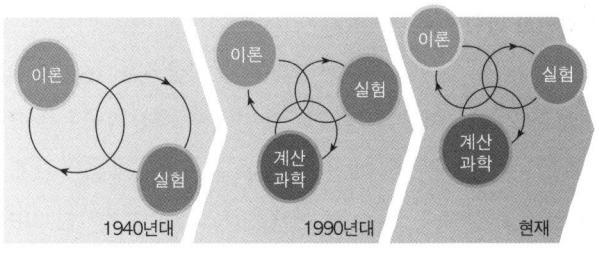

| 과학과 공학 연구와 교육의 세 기둥: 계산과학의 과거와 현재

계산과학의 기초를 수강하거나 배우도록 강요받는 시대가 되었다 시간이 더 지나면 보다 많은 과학과 공학이 계산과학을 통하여 이해되고 발전할 것이다.

이미 현재에도 그러한 특성이 나타나고 있지만, 미래의 세계는 과거의 물질세계와 정신세계의 양축 외에 사이버공간이라는 또 다른 가상공간이 추가되어 나머지 두 세계와 상호 작용하는 세상이 될 것이다. 이에 따라 과거에는 과학과 기술이 물질세계의 '실험'과 정신세계의 '이론'의 두 축을 중심으로 전개되어 왔다면, 현재와 미래의 세계는 사이버공간에서의 계산과학의 '수치 실험'을 포함하는 세 축을 중심으로 전개될 것이다.

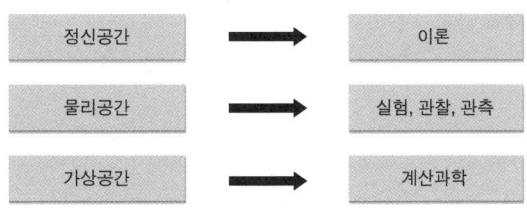

| 정신공간, 물리공간, 가상공간에서 행해지고 있는 과학과 공학의 연구

계산과학과 과학계산

—　　　　　　　　계산과학과 계산과학기술, 즉 과학
계산이란 무엇이며 지식경제의 측면에서 계산과학을 어떻게
볼 수 있는지 알아보자. 계산과학(computational science)은 크게 두
가지 의미를 가지고 있다. 첫 번째는 가장 많이 쓰이는 의미로
컴퓨터를 이용하여 수치해석적으로 얻어지는 과학을 가리킨
다. 두 번째는 과학 및 공학적 문제의 수학적 모델을 컴퓨터 상
에서 계산할 때 필요한 제반 이론과 기술(scientific computing, 과학
계산)을 의미한다. 계산공학이라고 말할 때는 첫 번째 의미로 수
치해석적으로 얻어지는 공학을 가리킨다. 이 경우 과학과 함께
말할 때 계산과학 및 공학(computational science & engineering)이라는
표현을 사용한다. 이제 계산과학의 두 번째 의미인 과학계산을

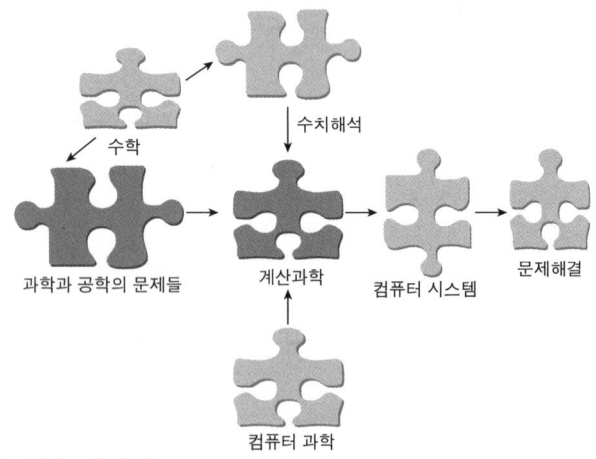

| 계산과학의 도식적 정의 |

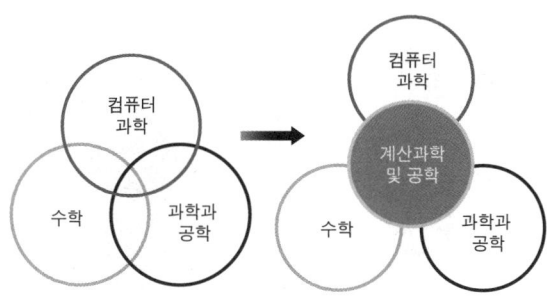

| 계산과학의 도식적 정의 II

중심으로 이야기를 전개해 보자.

　과학기술의 각 분야를 과학기술의 수평적 구조로 볼 때 이론, 실험, 계산과학은 각 과학기술 분야의 수직적 구조에 해당한다고 볼 수 있다.

　모든 과학기술의 수평적 구조에서 나타나는 계산과학은 각

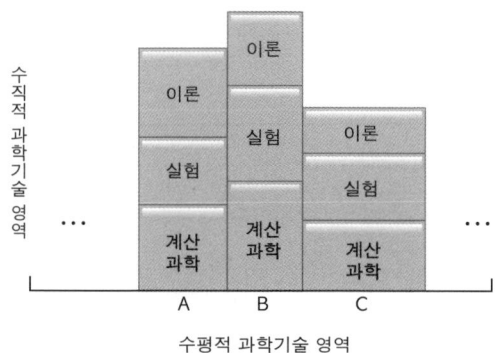

| 과학과 공학 영역의 수평적, 수직적 분류

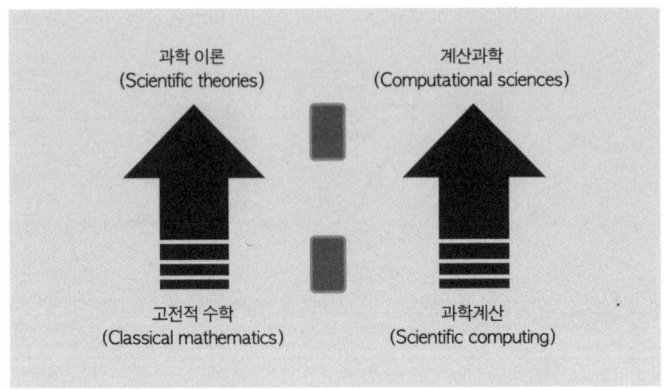

과학 이론
(Scientific theories)

계산과학
(Computational sciences)

고전적 수학
(Classical mathematics)

과학계산
(Scientific computing)

| 미적분학과 미분방정식이 근대 과학의 이론과 실험의 언어 역할을 한 것처럼 과학계산이
계산과학의 언어 역할을 담당한다.

분야의 응용적 성격을 빼면 모든 과학기술의 공통적인 과학계
산이 기초 과학의 성격으로 나타나게 된다. 과학계산 자체가 모
든 과학과 공학의 계산과학 분야에서 공통적으로 사용되고 있
다는 사실에 비추어 볼 때 '계산과학기술'의 학문적 영역은 응
용 수학의 분야인 수치해석이 확대된 것으로 볼 수 있다.

과학계산[15]의 분야

— 　　　　　　　　과학계산 분야는 크게 기존의 미
분방정식으로 대변되는 방법론의 연장선상에 있는 유한 요소

15　어떤 분류 체계에서는 '계산수학(Computational Mathematics)'이라고도 불린다.

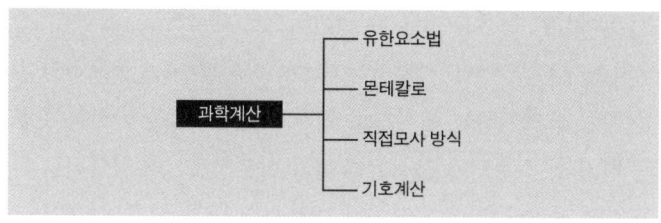

| 과학계산의 분류

법(Finite difference or element methods)과 컴퓨터의 출현으로 가능해
진 (동력학적kinetic) 몬테칼로(Monte Carlo)와 분자동력학(Molecular
dynamics)이 대표격인 직접모사 방식(Direct simulation methods) 그리
고 기호계산(symbolic computing)으로 구분할 수 있을 것이다. 나노
시대를 맞이하여 원자 단위 모사 방식이 요구되고 있는 시점에
몬테칼로와 분자 동력학은 나노 시대에 맞는 중요한 과학계산
으로 떠오르고 있다.

위 그림에서 보는 바와 같이 유한요소법은 기존 과학과 공학
의 패러다임의 연장선에서 이해할 수 있다. 기존 과학과 공학의
수학적 모델링(mathematical modeling) 패러다임에서 자연계(physical
system)를 다룰 때는 그 자연계에 나타나는 미분소(infinitesimals)
를 분석하여 그 계를 지배하는 지배방정식(governing equations)인
(편)미분방정식((partial) differential equation)을 세워 자연계를 이해
한다. 그러한 예로서 정전기학(electrostatics)에서 나타나는 라플라
스(Laplace) 방정식이나 포아송(Poisson) 방정식, 중력이론에서 나
타나는 아인슈타인 방정식, 유체역학의 지배 방정식인 나비에-
스토크스(Navier-Stokes) 방정식 등이 있다. 이런 (편)미분방정식

은 실제적인 문제를 다룰 때 일반적으로 해석적(analytic)인 해를 구하기가 매우 어렵다. 컴퓨터가 출현하기 전에는 중요하지 않은 항들을 제거하는 방식으로 원래 미분방정식을 근사하여 풀곤 하였다. 컴퓨터가 출현함에 따라 미분방정식에 나타나는 극한으로 정의되어 실수가 아닌 미분소를 아주 작은 실수인 유한소로 근사하여 미분방정식을 유한요소방정식(finite difference or element equation)으로 근사하여 푸는 방법론이 등장하게 되었는데 이 방법론을 유한요소법이라고 부른다. 다음은 가장 간단한 유한요소법인 오일러 방법(Euler method)을 예로 보여 주는 것이다.

유한요소법(Finite difference or element methods)
(편)미분방정식 → 유한요소방정식
미분소 → 유한소

$$\frac{dy}{dx} = f(x, y), \quad a \le x \implies \frac{y_{k+1} - y_k}{x_{k+1} - x_k} = f(x_k, y_k)$$

$$y(a) = y_a \qquad\qquad y_0 = y_a$$

다음으로 몬테칼로 방법론을 이해하기 위해 간단한 예를 들어 보자. 18세기 초에 뷔퐁(George-Louis Leclerc Buffon)의 바늘 문제(needle problem)로 알려진 것인데, 37쪽 그림과 같이 평면 위에 간격이 d로 일정한 평행선을 긋고 길이 l의 바늘을 무작위로 던져 바늘이 평행선에 닿는 확률과 π값을 구하는 문제이다. 일반

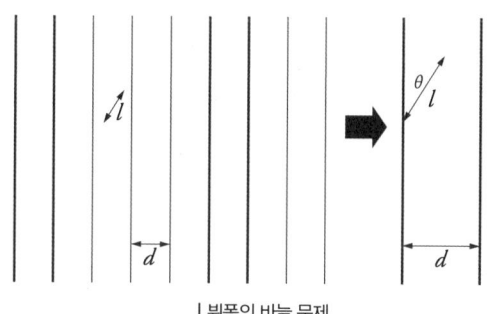

| 뷔퐁의 바늘 문제

성을 잃지 않고 이해를 쉽게 하기 위해 평행선을 두 개만 놓고
바늘이 두 평행선 사이에 떨어진다고 생각할 수도 있다. 바늘
이 평행선에 닿을 확률을 p라고 하고 평행선과 바늘이 이루는
각도를 θ, 바늘의 중심과 평행선 사이의 최소 길이를 t라고 하
면, $0 \leq t \leq \dfrac{d}{2}$, $0 \leq \theta \leq \pi$에 대하여 평행선과 만나기 위해서
는 주어진 위치 t에 대하여 $t < \dfrac{l \sin\theta}{2}$인 경우, 즉 38쪽 그림에
서 빗금 친 부분이다.

바늘 던지기를 반복해서 확률 p를 구하면, 38쪽 그림에 제
시된 수식을 사용하여 값을 구할 수 있다. 하지만 사람이 바늘
던지기를 반복한다면 하루에 몇 번이나 할 수 있겠는가? 컴퓨
터 프로그램을 사용하여 바늘의 중심 위치 t와 각도 θ를 난수
(random number)를 사용하여 무작위로 모사할 수 있다면 1초에
바늘 던지기를 수십 억 번 할 수 있다.

이 예와 같이 확률적인 무작위 사건(random event)을 난수를 사
용하여 컴퓨터 프로그램으로 여러 번 반복적으로 전산 모사하

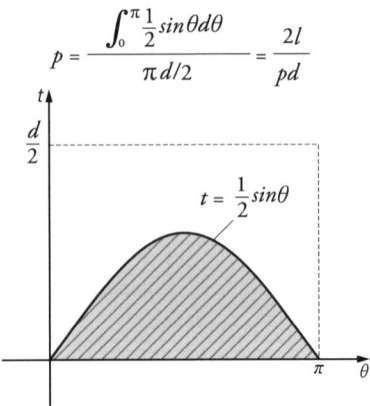

$$p = \frac{\int_0^\pi \frac{1}{2} sin\theta d\theta}{\pi d/2} = \frac{2l}{pd}$$

$$t = \frac{1}{2} sin\theta$$

| 바늘 중심의 떨어진 위치 t와 각 도 θ가 빗금 친 부분의 조건을 만 족하면 평행선에 닿게 된다.

여 우리가 원하는 값을 얻는 것을 몬테칼로 방법이라고 한다. 몬테칼로는 컴퓨터가 없었을 때에는 그리 효과적인 방법이 아 니었지만, 컴퓨터에서 난수를 사용하여 확률적 사건을 모사할 수 있게 되면서 여러 분야에서 유용하게 되었다. 특히 동력학적 몬테칼로는 포아송 과정(Poisson process)과 몬테칼로를 결합하여 시간에 따른 동력학적 계를 전산 모사할 수 있는데, 나노 반도체 분야에서 이온 주입과 열처리 과정 등을 전산 모사하는 데 사용 되고 있다.

직접모사 방식은 기존의 수학적 모델링을 통한 문제 해결 방 법과 대조적으로 수학적 모델링을 하지 않고 우리가 다루는 계를 직접 컴퓨터 상에서 전산 모사함으로써 문제를 해결하는 방식이다. 한 가지 예를 들면, 도로 교통량 문제를 해결하기 위 해 컴퓨터 그래픽을 사용하여 직접적으로 도로 교통량을 전산 모사하는 것 등이다.

마지막으로 수치적인 계산이 아닌 기호 미분, 부정적분처럼 기호가 들어 있는 수학을 계산할 수 있는 것으로 기호계산이 있다. 기호계산은 컴퓨터에서 원래 수치 계산만 가능하던 것을 매스매티카(Mathematica) 소프트웨어처럼 논리 회로를 사용하여 컴퓨터에서 할 수 있도록 한 것이다.

이제 경제와 지식경제를 비교하면서 계산과학과 계산과학 안에서의 과학계산의 위치를 점검해 보도록 하자. 경제에서 기반산업이라고 함은 도로, 항만, 공항 등 물류의 이동을 위해 필요한 제반 기간산업 시설을 의미한다. 필자는 오래전에 대전에 있는 정부 출연연구소 중 하나인 한국과학기술정보원 내 슈퍼컴퓨팅 센터에서 미국 국립과학재단(NSF, National Science Foundation)에서 공유 가상기반 분과의 책임자를 맡고 있는 김상태 박사 팀의 가상기반 강의를 들은 적이 있다. 이에 따르면 미국에서는 NSF가 주축이 되어 유럽의 e-science라는 용어에 상응하는 '가상기반'이라는 용어를 사용하여 사이버공간 상의 기반을 효과적으로 구축하기 위한 계획을 추진하였다고 한다. 가상기반은 고속 계산 서비스(high performance computation services), 데이터(data), 정보(information), 지식 경영 서비스(knowledge management services), 인터페이스(interfaces), 가시화 서비스(visualization services), 협력 서비스(collaboration services) 등을 포함하는 계산과학을 효과적으로 수행하기 위한 가상공간 내의 기반을 의미하는데, 효과적인 가상기반 구축을 위해서는 데이터를 포함한 표준화 작업이 중요한 관건이 될 것이 분명하다. 다른 분야의 전문인들을 포함하여 모든 과학기술인이 가상기반을 공유하게 될 것을 항상 유념해야 할 것이다.

경제에서의 기반산업과 가상기반과의 대응 관계처럼 다음은 산업과 가상공간 상에 있는 요소들의 대응 관계를 보여 준다.

산업	가상공간
도로	인터넷
물류센터	데이터 저장소
공장	컴퓨터를 포함하는 계산 시설
제조기술	과학계산(계산과학기술)

이와 같이 가상기반 시설을 바탕으로 향후 계산과학이 중심이 되어 과학기술의 연구와 개발 그리고 교육이 혁명적으로 변화할 것이다. 다시 말해 현 계산과학 시대에는 물리, 기계, 생명과학 등의 계산 모형들이 가장 기본적인 성질과 물리적 과정을 모사하는 데 치중되었다면 가까운 미래에는 모든 과학기술 분야에서 계산능력과 데이터 저장과 전송 능력의 획기적 발전에 힘입어 자연의 모사를 훨씬 사실적으로 수행하고 시스템적인 입장에서 과학기술의 문제에 접근하게 될 것이다.

계산과학 교육
—   미래 과학인재를 양성하기 위해서

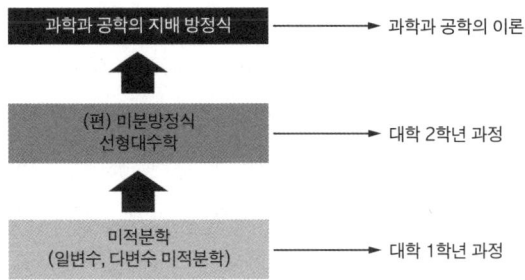

| 현 이공계 대학의 기초수학 교육 체계

는 이론과 실험이라는 두 축을 중심으로 하고 있는 현 과학 교육과 산발적이고 부분적으로 진행되고 있는 계산과학 교육을 개선하고 접목하여 체계적으로 실시하여야 할 것이다. 또한 계산과학을 뒷받침하는 수학적 언어인 과학계산을 현 이공계 기초수학 필수 과목으로 포함시켜야 할 것이다.

계산과학 교육은 크게 다음과 같은 두 가지 방향으로 이루어져야 할 것이다. 첫 번째는 빠르게 변화하는 과학기술 방법론인 계산과학에 효과적으로 적응할 수 있도록 기존의 과학기술 인력에 대해 재교육을 실시해야 한다. 두 번째는 현 서울대학교, 연세대학교, 아주대학교 등에서 설치 운영 중인 계산과학 교육 프로그램을 여러 대학에 설치하여 차세대 계산과학기술인을 길러내는 것이다. 이를 위해 미국, 유럽, 일본 등 선진국의 예를 참조하여 선도적 계산과학 교육 프로그램을 개발하는 것이 필수적이다. 기존의 과학기술 인력의 재교육을 위해서는 현재 진행 중인 슈퍼컴퓨팅 센터의 컴퓨팅 교육을 지원하여 교육 내용을 확대하여 실시하고, 필요하다면 각 지방 주요 과학기술 거점에 과학계산 교육 센터를 수립하여 재교육을 실시해야 할 것이다. 또한 국가 연구 센터로 계산과학 연구 센터를 만들어 각 분야에 공통분모로 산재되어 있는 계산과학기술을 위해 계산과학 공동 연구 체계를 구축하고 국제 및 국내 학술회 조직을 포함하는 국내외의 과학계산 교류의 중심축으로서의 역할을 하여야 할 것이다.

2.3 정신공간

절망의 과학

—   19세기 대표적인 실존주의 철학자인 키르케고르(Søren Aabye Kierkegaard)[16]는 '절망'은 죽음에 이르는 병이라고 하였다. 필자는 현대 과학의 감성적 특성을 한 마디로 '절망'이라고 부르고 싶다. 인간이 과학적 지식을 쌓아 오면서 인간의 내면 깊숙한 곳에 절망도 함께 쌓아 온 것이 아닌가 하는 생각이다. 인간은 태어나 자라면서 자신이 죽는다는 것을 알게 된다. 자신의 육체의 생명이 유한하다는 것을 알게 되는 것이다. 그렇지만 자신의 유한성에 대해 후손을 갖는 것으로써 어느 정도 심리적 보상을 얻는다. 하지만 곧 인간은 과학을

---

16 덴마크의 신학자이자 철학자이며 실존주의 철학의 선구자로 불린다.

통하여 더 깊은 절망을 알게 된다. 인간이 살고 있는 지구도, 그리고 태양계도 은하도 영원하지 않고 심지어 이 모든 것을 담고 있는 우주 자체도 죽어간다는 사실을 배우게 된다. 현대의 우주론에 따르면 우주는 가속 팽창하고 있고 오랜 세월이 흐르면 닫힌계의 엔트로피는 항상 증가한다는 열역학 제2법칙에 따라 모든 것이 활동을 멈추는 열 죽음(heat death)이라는 상태에 도달하게 된다고 한다. 인간은 이렇듯 과학 지식을 쌓아갈수록 절망이라는 것을 내면 깊숙한 곳에 쌓아 놓게 되는 것이다. 과연 이 절망으로부터 우리를 구해 주는 것은 무엇일까?

현대 과학은 암묵적으로 오직 에너지를 포함하는 물질만이 존재하며 정신 현상을 포함한 모든 현상들이 물질의 운동에 의해서 나타나는 것이라는 환원주의적 자연주의 철학에 그 근간을 두고 있다. 과학은 물질과 에너지처럼 측정되어 보여지는 것으로부터 인간의 정신 현상 등 보이지 않는 것들을 설명하려고 한다. 하지만 기독교에서는 맨 먼저 처음부터 존재한 것은 영원하며 보이지 않는 영이신 하나님이셨으며, 이것으로부터 눈에 보이는 모든 것, 즉 공간, 시간과 물질을 비롯한 모든 것들이 시작되었다고 말하고 있다. 이와 유사하게 불교에서는 업이라는 개념을 통해 모든 현상과 사건들을 설명하려고 한다. 심지어 우주의 시작도 업식으로부터 설명하려고 한다.

이러한 절망의 과학이 왼손이라면 종교는 희망의 오른손격에 해당한다. 따라서 이를 통해 올바른 우주의 근본에 관한 균형 잡힌 시각을 가질 수 있어야 하지 않을까?

현대 과학은 보이지 않는 세계를 무시하고 오직 보이는 것만 존재한다는 믿음에서 인간을 원숭이와 유사한 육체를 가진 동물의 하나로 격하시켰고, 물질만이 존재하는 우주의 죽음을 말하여 인간을 깊은 절망에 빠뜨렸다. 아직 결론이 나지는 않았지만 통계물리학자 등을 포함한 여러 과학자들이 주장하는 것처럼 과학의 근간이 된 환원주의는 진리가 아닐지도 모른다. 우주는 과학이 발견한 물질세계를 지배하는 부인격적인 법칙, 즉 로고스에 따라 발생하는 현상과 인격적 영적 존재들이 영향을 미쳐서 나타나는 자연주의 철학으로 이해될 수 없는 초자연적 현상들로 이루어져 있다는 것으로 받아들여야 할지 모른다.

종교적인 세계관은 물질환원주의자들의 의견과는 상반되는 비환원주의에 근간을 두고 있다. 구약성경의 창세기에 나타난 물질, 동물, 생명, 인간을 창조하실 때 쓰인 '창조'라는 뜻의 히브리어 단어인 '바라(Bara)'라는 용어를 보면 환원주의가 진리가 아닐지도 모른다. 히브리어 '바라'는 먼저 존재하는 어떤 재료의 변용을 말하는 인간적 창조가 아닌 신적 창조인 '무로부터의 창조'를 지칭하는 히브리어의 독특한 단어라고 알려져 있다. 특히 진화론은 환원주의적인 자연주의 철학에 기반을 둔 유물론적인 생명의 기원론이다. 장구한 시간과 우연적 확률에 기반한 생명 기원론인 것이다.

우리의 희망은 어디에 있을까? 물리공간, 가상공간이 아닌 아직 과학적으로 밝혀지지 않은 영적 정신공간에 있을지도 모른다.

정신공간

—   '천고마비(天高馬肥)'라는 사자성어
가 있다. 뜻을 풀이해 보면 "하늘은 높고 말이 살진다."라는 의
미이다. 여기에서 하늘은 무엇을 지칭하는 말일까? 사람들은
때로 이런 말을 하기도 한다. "유럽의 하늘은 낮고 한국의 가을
하늘은 높다." 이 두 경우의 하늘은 구름이 생성되는 높이를 뜻
한다. 즉 옛 사람들이 하늘을 말할 때는 구름이 있는 곳부터 하
늘이라고 생각한 것이다. 현대인들은 구름이 물방울들이 모여
서 이루어진 것이라는 것을 잘 알고 있지만, 옛 사람들이 보기
에는 신비해 보였으므로 그 위에 신선이나 천사, 천인들이 살고
있을 것이라고 상상하기도 하였던 것이다.

그러면 기독교의 기도문에 나오는 "하늘에 계신 우리 아버
지"라고 하였을 때 그 하늘은 천고마비의 하늘과 같은 하늘일
까? 아니다. 그 하늘은 천고마
비라고 하였을 때의 물리적인
하늘과는 다른 말이다. 물리적
으로 하나님이 모든 곳에 계신
다고 할 때는 무소부재(無所不在)
라는 말을 사용한다. 아마도 천
고마비에서 하늘이라는 말은
가장 높은 하늘, 또는 아홉 개
로 나뉜 하늘의 통칭으로 쓰이
는 구천(九天)[17], 구중천(九重天)

영 공간
계시
종교적
동양적

이데아
직지, 직관
연역적

논리적 공간
혼의 영역
사고, 논리, 이성
귀납적, 서양적

| 정신공간 구조

또는 불교의 삼십삼천과 관련 있는 말일 것이다.

필자는 가끔 기독교인들에게 묻곤 한다. 사도행전 1장에 보면, 예수께서 승천하실 때 "구름이 그를 가리어 보이지 않게 하더라."라고 기록되어 있는데 예수께서는 어디로 가셨는지 말이다. 달나라로 가신 것도 아닐테고 화성, 목성으로 가신 것도 아닐 것이다. 예수께서 가신 곳은 정신공간인 하늘인 것이다. 과학의 입장에서 보면, 정신공간은 여분의 차원으로도 보일 수 있다.[18]

뉴턴(Isaac Newton)이 질량을 가진 두 물체 사이의 힘인 중력에 관한 만유인력 법칙을 발견함으로써 이전까지 구분되어 있었던 완전한 세상이라고 여겨졌던 천상 세계와 불완전한 인간 세계가 하나로 합쳐졌다. 이로써 천상 세계는 인간 세계와 동일한 물리 법칙이 지배하는 세계가 되었다. 그리고 비로소 이제까지 물리적 하늘과 정신적 하늘을 혼동하던 인류가 기독교 기도문에 나오는 하늘이 정신공간의 하늘이라는 것을 알게 되었다.

정신공간	
혼의 영역	영의 영역
주관적 정신공간, 상상 또는 꿈의 공간	객관적 정신공간, 이데아와 영적 존재의 공간

| 정신공간의 분류: 혼과 영의 세계

---

17 "죽은 원혼이 구천(九泉)을 헤맨다."라고 하였을 때의 구천과는 다른 말이다.

18 어떤 사람들은 여분의 차원을 거쳐 아주 먼 물리공간의 또 다른 곳으로 가셨다고 생각한다.

혼과 영

— 　　　　　　　　종교에서는 대체적으로 인간의 구성 요소를 정신과 육체의 이분설(二分說) 또는 영, 혼, 육의 삼분설(三分說)로 설명하고 있다.

기독교에서는 일반적으로 영, 혼, 육의 삼분설을 말하고 있는 것으로 이해된다. 혼은 논리적 사고를 할 수 있는 근원이 되며, 영은 하나님과의 교제를 가능하게 해 주는 근원으로 이해되고 있다. 동물과 자연적 인간에게 육과 혼이 존재하고, 자연적 인간이 중생하면서 영이 살아나 영, 혼, 육을 갖추게 된다고 한다. 그렇지만 중생한 사람에게 영혼은 하나의 인격적 통합체로 죽은 후에 하나의 개체로 여겨진다.

불교의 윤회론에서는 동물과 인간은 동일하게 영혼을 갖고 있고 영혼이 윤회의 주체가 된다고 본다.

꿈 이야기

— 　　　　　　　　우리가 꿈을 꿀 때도 정신공간이 나타난다. 여러 가지 물리공간에 있던 것들이 보이기도 하고 물리공간에서 보지 못한 신비한 것들이 보이기도 하는 공간이 나타나는 것이다.

이제 한 가지 질문을 해 보자. 꿈속에 자신이 나왔다고 하자. 그럼 과연 꿈속에 나오는 내가 진짜 나일까 아니면 잠을 자면서 꿈을 꾸고 있는 사람이 진짜 나일까? 희로애락을 느끼는 주체가 진짜 자기 자신이라고 한다면 꿈에 나오는 본인이 진짜 자기 자신일 것이다.[19] 옛 사람들은 꿈에 나오는 자신이 진짜 자신이며 영혼의 표상이라고 생각하였다.

기원전 중국의 전국시대에 살았던 선인이자 철학자 장자(莊子, BC 369~BC 286)의 호접몽(胡蝶夢)이라는 이야기가 있다. 호접몽은 나비의 꿈이라는 뜻으로 꿈에 장자가 나비가 되어 즐겁게 노닐다 깨어 "아아 꿈에서 나비가 되었을 때는 내가 나인지도 몰랐다. 그런데 꿈에서 깨고 보니 분명 나였다. 그렇다면 지금의 나는 정말 나인가, 아니면 나비가 꿈에서 내가 된 것인가?"라고 말한 이야기에서 나온 말이다. 장자는 나비가 지금의 나를 꿈꾸고 있는 것이고, 내가 꿈에 나비가 되었던 것이므로 꿈속의 나비와 지금의 나는 동일인이라고 생각한 것이다.

보통 사람들은 꿈속에서 항상 자기 자신의 모습으로만 나온다. 하지만 인간의 의식이 참으로 자유로워지면 꿈에 그 무엇도 될 수 있는 것이 아닐까? 현대인들은 물질세계에서 물질로 무엇을 만드는 것에 관심이 많은 반면, 옛 선인들은 꿈속 세상에 더 많은 관심을 갖고 수행의 대상으로 삼았다. 꿈속에서 현대 판타지 소설 속에 나오는 변신, 은신, 장신, 온갖 신기한 것들을 시험하며 놀았다.

---

19 진정한 자신[眞我]은 꿈속의 자신이 아닌 꿈 전체가 진짜 자기 자신이다. 망상번뇌가 걷히면 있게 되는 진정한 자아인 것이다.

| 장자의 호접몽

　그럼 꿈에서 깨어나 있을 때 꿈속의 진짜 자신은 어디로 갔을
까? 자신의 몸 안에 있다. 다만 이제 보이지 않을 뿐이다. 꿈속
에서 나왔던 모든 것들은 자신의 의식 속에 있는 것이지만 깨어
있을 때는 대부분 밖에서 오는 감각 신호들에 의해 내 안에 있
는 진짜 자신이 희로애락을 느끼는 것이 다를 뿐이다.

　꿈속 공간은 일반적으로 지속성이 없다. 그 공간은 정신공간
중에서 가장 낮은 차원의 공간이며, 대부분 인간이 자신의 능력
으로 몸속에서 창조한 것으로 가득차 있다. 인간이 만일 자신의
몸 안, 꿈속에서 꿈을 창조해 내지 않는다면 '객관적인 정신공
간'이 나타날 것이다. 옛 수행자들은 수행 중에 겪었던 객관적
인 정신공간은 인간의 육체가 죽어도 나타난다고 생각하였다.

정신공간으로서의 하늘

― 　　　　　　　기독교에서는 정신공간의 하늘을 셋으로 구분해서 생각하였던 것 같다. 바울이 기록한 기독교 신약성경의 많은 서신 중에는 다음과 같은 구절이 있다. "내가 그리스도 안에 있는 한 사람을 아노니 십사 년 전에 그가 셋째 하늘에 이끌려 간 자라(그가 몸 안에 있었는지 몸 밖에 있었는지 나는 모르거니와 하나님은 아시느니라)."(고린도후서 12장 2절)

불교에서는 대표적으로 삼십삼천(三十三天)의 하늘을 이야기하고 있다. 욕계(欲界) 육욕천(六欲天)의 여섯 하늘, 즉 지옥도(地獄道), 아귀도(餓鬼道), 축생도(畜生道), 아수라도(阿修羅道), 인간도(人間道), 천상도(天上道)의 색계(色界) 십팔천(十八天) 열여덟 하늘, 무색계(無色界) 사천(四天)과 일월 성숙천(日月星宿天), 상교천(常憍天), 지만천(持鬘天), 견수천(堅首天), 제석천(帝釋天)을 통틀어 부르는 말이다. 1980년대 인기 가수였던 정태춘의 '에고 도솔천아' 노랫말에 나오는 도솔천(兜率天)은 육욕천(六欲天) 중의 네 번째 하늘로, 미래에 지상에 태어날 것이라고 석가모니가 예언하였던 미륵불이 지상에 태어나기 전에 머무는 하늘로 알려져 있다. 이 중에서 불교에서 말하는 욕계 천상도 이상의 하늘이 정신공간에 해당한다고 볼 수 있다.

이러한 정신적 공간의 객관성은 수행자가 수행을 통해 자신이 만드는 꿈의 공간이 사라지고 정신공간을 여행할 때 보이기 시작하며 또한 죽은 후에 육신이 더 이상 꿈을 만들어 내지 못할 때 보이기 시작하는 정신공간이다. 정신공간의 객관적 존재에 대한 설명은 과학철학에서 사용되는 일치원리(coincidence principle)[20]를 사용하여 말할 수 있을 것이다. 과학에서 인간 오감의 확장으로 사용되는 측정기구에 의한 관찰이 미시 세계 존재의 객관성을 확보하는 것과 같이 오감이 확장된 수행자들이 정신세계의 객관적 실재를 동일하게 경험하는 것이 정신세계의 객관적 실재성을 담보하는 것이다. 정신세계의 객관적 실재를 동일하게 경험한 것으로 알려진 대표적인 이야기는 지상에 내려와 성불하기 전에 도솔천에 살고 있다는 미래불인 미륵을 친견[21]하는 이야기들이다. 그 중의 하나인 『서국전(西國傳)』[22]에 기록된 이야기를 예로 들어 보자. 무착(無着), 세친(世親), 사자각(師子覺)이라고 불리는 삼형제 보살이 살고 있었는데, 이들은 다 함께 미륵이 있는 도솔천에 가서 미륵보살을 친견하기로 결의하고서 "누구든지 먼저 죽어 도솔천에 있는 미륵보살을 친견하는 이가 남아 있는 이들에게 그 소식을 알려주기로 하자."라고 하였다. 사자각이 먼저 죽었는데 아무 소식이 없었다. 그 뒤에 세친이 죽었는데 죽은 지 삼년 만에 무착에게 찾아왔다. 무착이 "왜 이제야 오느냐? 사자각은 어찌 되었느냐?"라고 묻자 세친은 자신은 미륵보살을 친견하고 막 설법을 듣고 오는 길이라고 하면서 사자각은 도솔천에 있는 아름다운

---

20 과학철학에서 전자 등과 같이 고도의 측정기구를 통해 확인되는 것들의 객관적 실재성을 이야기할 때 사용되는 개념이다.

21 신라 경덕왕 때의 진표율사(眞表律師) 미륵보살 친견도 유명한 이야기이다.

22 중국의 당나라 초기의 고승이자 번역가인 현장(玄奘, 602~664년)이 지은 책이다.

여인에 빠져서[23] 쾌락을 즐기며 다른 권속이 되어 버렸다고 하였다고 한다.

진리에 이르는 두 가지 길

—   진리에 이르는 길은 두 가지가 있다. 첫째는 현대 교육의 중심이 되고 있는 철저한 논리를 통해 진리에 이르는 것이다. 우리가 진리라고 믿는 어떤 가정 또는 공리로부터 출발할 수도 있고, 우리가 객관적으로 관찰한 사실에 근거하여 출발할 수도 있다. 하지만 한 가지 유의할 점은 우리가 사고를 전개하는 패러다임이 맞을 경우에만 적용된다는 것이다. 단적인 예를 들면 천동설이 맞다는 가정 하에서는 아무리 철저한 논리적 전개를 한다고 해도 지구에서 관측한 행성의 복잡한 운동을 설명하는 일이 점점 복잡해질 뿐 결코 단순하고 아름다운 진리에 도달하지 못한다는 것이다. 논리적 사고 작용은 인간 혼의 작용이다. 이 길은 순리의 학문의 길이며 서양에서 근대 과학의 발견을 통해 급속히 세계를 지배하는 교육 논리가 되었다. 이러한 순리를 통해 궁극적 진리에 이르기 위해서는 아래에서부터 위로 가는 귀납적 방법을 사용해야 한다.

둘째는 직관과 직지[24]를 통해 진리에 이르는 것이다. 이것은

---

23 도솔천은 천상의 육욕천(六欲天) 중의 하나이며 아름다운 여인이 많아 잘못하면 오욕(五欲)에 빠져 수행의 경지에서 후퇴할 수 있는 곳이라고 알려져 있다.

24 혼이 사고과정에서 때때로 보여 주는 통찰력과 영의 직지 또는 직관은 다른 개념이다.

논리적 사고를 통하지 않고 직접적인 진리에 대한 인식으로 알게 되는 것을 의미한다. 영의 작용으로 무념무상의 과정을 통해이루어지며 주로 동양에서 사용되는 방법이다. 불가의 불성, 도가의 도, 유가의 역[25], 기독교의 신과 같은 궁극적 진리에 도달한 후에 연역적으로 모든 진리에 이르는 방법이다.

또 한 가지 언급하고 싶은 것은 역리(逆理)의 학(學)에 이르는노력이 중심인 고등 종교와 동양 학문의 특징은 학(學)이 곧 도덕성과 연관된다는 것이다. 순리(順理)의 학(學)은 주체인 나와

| 순리와 역리의 학 비교 |

순리(順理)의 학(學)	역리(逆理)의 학(學)
논리	직관, 직지, 계시
사고	무념무상(無念無想)
적극적(active)	소극적(inactive)
귀납적(inductive)	연역적(deductive)
혼의 작용	영의 작용
서양적	동양적
과학적	종교적
밑에서 위로(bottom-to-top)	위에서 밑으로(top-to-bottom)

25 유가의 핵심은 역경에 있으며 역경의 핵심은 계사상전에 나오는 다음의 구절에 있다. "易, 無思也, 無為也, 寂然不動, 感而遂通天下之故……". 여기에서 무사(無思)는 불가의 핵심이며 무위(無為)는 도가의 핵심이다. 행위(行為)라는 뜻을 살펴보면, 행(行)은 몸의 움직임을 위(為)는 마음의 움직임을 나타낸다는 것을 상기하면, 무위가 행동에 있는 것이 아니라 마음에 있다는 것을 이해하게 된다. 유가의 핵심도 불가로, 도가의 핵심과 동일하다.

바깥 세계인 객체를 구분하여 주체가 상대적으로 객체를 분석하여 학(學)을 하게 됨에 따라 객체의 진리는 주체와 분리된 진리가 되는 것이다. 반면에 역리(逆理)의 학(學)에서는 도가에서처럼 인체는 소우주가 되고 바깥 세계는 대우주가 되어 내외가 동일한 진리 안에 있게 되는 것이다.

이데아로서 정신공간

—   기원전 그리스의 소크라테스의 제자였던 철학자 플라톤은 형이상학 이론이며 대표적인 관념론인 이데아론을 주창하였다. 이데아론에서 이데아는 현상 세계 밖에 존재하는 세상이며 모든 사물의 원인이자 본질을 뜻하는 것으로, 인간의 이성으로만 알 수 있다고 한다.

플라톤의 이데아 세계는 정신공간의 일종이며 직관, 직지의 대상이 되는 공간이다. 우리가 진리의 세계를 보는 것이 직관, 직지라면 종교에서 말하는 계시(revelation)는 반대로 그 정신공간에 있는 영적 존재로부터 우리에게 진리가 전달되는 것이다.[26] 이데아 세계에서 더 나아가 정신공간에 있는 영적 존재를 인정하는 것이 종교이다.

---

26 종교에서 영몽이라고 부르는 것, 즉 꿈속에 산신이 나타나 산삼의 위치를 가르쳐 주거나 천사가 나타나 미래 일을 알려주는 것 등을 포함한다. 살아 있는 사람이 남의 꿈속에 들어가 나타나는 것은 현몽이라고 부르며, 이것은 인간 정신공간이 열려 있는 공간이라는 증거로 삼기도 한다.

꿈의 세계를 통해 본 죽음

— 옛 사람들은 꿈에 나오는 정신공간을 음부(陰部, hades)라고 부르고 죽음을 꿈속의 자신이 음부에서 다시 양부(陽部)로 나오지 못하는 것이라고 생각하였다.[27] 그런 의미에서 사람들은 죽음을 영원한 잠, 즉 영면(永眠)에 들었다고 하였으며 성경에서도 죽음을 '잠들었다'라고 여러 곳에서 표현하고 있다. 예를 들면 구약성경 열왕기상 14장 20절에 "여로보암은 이십이 년간 통치한 후 열조와 함께 잠들었다. 왕자 나답이 그의 왕위를 계승하였다."라고 기록하고 있다. 예수께서도 "우리 친구 나사로가 잠들었도다. 그러나 내가 깨우러 가노라." 라고 말씀하신 기록이 요한복음 11장 11절에 기록되어 있다.

또 죽음을 '돌아가셨다'라고 표현해 꿈속의 자신이 진짜 자신이며 자신의 본래 자리가 꿈속 공간 같은 정신공간이라고 생각하였다. 인생은 마치 육체를 입고 여행하는 것과 같으며 육체를 벗는 것을 죽음이라고 본 것이다. 현대인들이 자신의 의식이 육체가 형성된 후에 생긴 것이라고 여기는 것과 많이 대조적이다. 현대인들은 물질이 중심이고 우위에 있으며, 옛 사람들은 정신이 중심이고 우위에 있다고 생각한 것이다. 현 우주의 출현에 대해서도 옛 사람들은 정신공간에 있던 신(들)이 먼저 있었고 신들이 물질세계를 만들었다고 여긴 반면 현대인들은 물질과

---

27 옛 사람들은 살아 있다는 것을 깨어 있을 때는 양부로, 잠들었을 때는 음부로 왔다 갔다 할 수 있는 것이라고 생각하였다.

에너지가 먼저 있었고 맨 나중에 정신을 가진 인류와 같은 영장류가 출현하였다고 보는 차이가 있다.

불교에서 말하는 윤회(輪廻)

—　　　　　　　　　　불교의 윤회사상은 경험에 의해 만들어진 것이다. 수행 중에 회광반조(回光返照)라는 수행법이 있다. 자신의 과거를 거슬러 올라가는 수행으로, 어머니의 태속까지 거슬러 올라간 후에 계속 어머니 태 이전으로 거슬러 올라가려고 하면 처음에는 아무것도 보이지 않지만 어느 순간에 인식의 창이 열리며 꿈속 같은 장면이 나타난다. 그 꿈속 같은 곳에 현재의 자신의 모습을 갖고 있진 않지만 자신이라고 여겨지는 존재가 보이고 현생의 이해되지 못한 인과를 이해하게 된다. 이러한 수행자의 체험을 전생체험이라고 하고 수행자는 직접 그 장소에 찾아가 자신의 전생체험을 확인하기도 한다. 이러한 체험 후에는 자신뿐만 아니라 다른 물건이나 사람의 인과를 볼 수 있는 능력과 눈을 미래로 돌리면 미래의 인과를 아는 능력이 생기는데 이러한 능력을 숙명통(宿命通)이라고 한다. 석가모니는 이러한 경험을 통해 윤회를 알게 되었다. 윤회하는 세상을 셋으로 구분지은 것이 삼계, 즉 욕계, 색계, 무색계이며, 욕계를 다시 여섯으로 구분지은 것이 지옥도, 아귀도, 축생도, 아수라도, 인간도, 천상도의 여섯 세계이다.

불교에서는 사람이 죽은 후에 음부에 간, 즉 꿈에 나오는 자신, 다시 말해 영혼이 쉴 곳을 찾아 쉬게 되면 다시 새로운 생명으로 태어나게 된다고 본다.[28] 그리고 이렇게 하여 삶이 계속 지속되는 것이라고 믿는다.

기독교, 불교, 도교에서 말하는 구원

—   요한계시록 1장 18절에 예수께서 음부의 열쇠를 가지신 분이라는 다음과 같은 성경 구절이 있다. "곧 살아 있는 자라 내가 전에 죽었었노라 볼지어다 이제 세세토록 살아 있어 사망과 음부의 열쇠를 가졌노니". 이는 예수께서 죽은 자를 부활시키는 권세를 가지셨음을 상징적으로 보여 주고 있는 것이다. 기독교에서 말하는 궁극적 구원 또는 두 번째 죽음은 꿈에 나오는 자신이 죽어 간 음부의 세계에서 나와 영원한 부활체를 입는 것을 의미한다. 요한계시록 20장 13절에 "바다가 그 가운데에서 죽은 자들을 내주고 또 사망과 음부도 그 가운데에서 죽은 자들을 내주매 각 사람이 자기의 행위대로 심판을 받고"라는 구절이 이루어지는 순간이다. 부활은 다음과 같이 두 종류가 있다고 기록되어 있다. "선한 일을 행한 자는 생명의 부활로, 악한 일을 행한 자는 심판의 부활로 나오리라." (요한복음 5장 29절)

불교에서 구원은 삼계의 윤회로부터 벗어나는 것이며, 그 길

---

28 남회근 지음, 송찬문 번역(2010), 『生과 死, 그 비밀을 말한다』, 마하연.

은 두 가지가 있다. 하나는 부처가 되는 것이며 다른 하나는 극락(極樂)에 태어나는 것이다. 부처가 된다는 것은 무념무상(無念無想)[29]의 경지에 이르러 꿈속에 나오는 자신이 사라져 무아(無我)를 이루어 법신이 있다는 말이다. 법신에 관한 설명은 다음의 불경 구절에서 알 수 있다. "…… 如來身者(여래신자) 是常住身(시상주신) 不可壞身(불가괴신) 金剛之身(금강지신) 非雜食身(비잡식신) 卽是法身(시즉법신) (중략) 여래신이라는 것은 상주하는 몸이며 무너짐이 불가한 몸이니 금강의 몸으로 잡식(雜食) 몸, 즉 육체가 아니니 곧 법신이라."(대반열반경)

부처가 되는 길은 멀고 험난해서 평범한 사람들에겐 극락에 태어나도록 염하라는 것이[30] 불교에서 제안하는 두 번째 길이다. 극락은 아미타경(阿彌陀經)에서 석가모니가 서방에 있다고 설하신 불국토이다. 아미타불(阿彌陀佛), 무량광불(無量光佛) 또는 무량수불(無量壽佛)이라고 부르는 부처님의 나라이다. 아미타

---

29 염(念)과 상(想)이 없다는 말이며 염(念)은 언어로 하는 생각이며 상(想)은 꿈속에서처럼 이미지로 하는 생각이다.

30 "舍利弗 若有善男子善女人 聞說阿彌陀佛 執持名號 若一日 若二日 若三日 若四日 若五日 若六日 若七日 一心不亂, 基人, 臨命終詩 阿彌陀佛 輿諸聖衆 現在其前, 是人 終詩 心不顚倒 卽得往生 阿彌陀佛極樂國土", 사리불아, 만약 착한 사람들이 아미타불에 대한 설법을 듣고 그 명호(이름)를 굳게 지니어 하루나 이틀 또는 삼일 사일 오일 육일 또는 칠일 동안 한결 같은 마음으로 (아미타불의 명호를 외우거나 부르는 마음이) 흐트러지지 않으면 그 사람은 수명이 다할 때 아미타불께서 여러 성인 대중들과 함께 그 사람 앞에 나타나시어 그 사람이 끝내 마음이 뒤바뀌지 않으면 바로 아미타불의 극락세계에 왕생하느니라.(아미타경)

31 "彼佛壽命(피불수명) 及其人民(급기인민) 無量無邊阿僧紙劫(무량무변아승지겁) 故名阿彌陀(고명아미타)" 거기 사는 중생과 그 부처의 수명은 무량무변아승지겁에 달하니 그 이름을 아미타라고 한다.(아미타경)

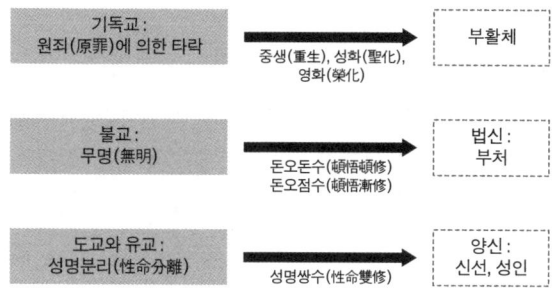

| 각 종교에서 말하는 인간의 자연 상태와 구원의 방법론, 그리고 이상적 인간 상태

경에 따르면 극락에는 죽음이 없고[31] 모두 다 부처가 된다고 한다.[32]

　도교에서의 구원은 꿈속에 나오는 자신 곧 음신이라고 부르는 것이 양부의 세계로 나와 양신을 입어 신선이 되어 영원히 사는 것을 가리킨다.

불교에서 말하는 견성

—　　　　　　　　　　'견성(見性)'을 한자 그대로 풀어 보면 성품, 즉 불성(佛性)을 보는 것을 말한다. 필자는 이러한 견성 과정을 인도의 쿤달리니(Kundalini) 요가에 근거하여 신체적 변

32　"又　舍利弗　極樂國土　衆生生者　皆是阿鞞跋致", 또한 사리불이여, 극락국토에 태어난 중생은 모두 다 아비발치이니(아미타경). 아비발치는 성불이 결정되어 보살에서 타락하지 않을 지위에 오른 수행자를 가르킨다.

화와 연관 지어 설명해 보려고 한다.

많은 선승이나 조사들이 화두(話頭)[33]를 들고 깊은 명상 상태에 들어 일념(一念)이 지속되는 상황에 이르게 되면 척추 아랫부분에 있던 생체 에너지인 쿤달리니가 활성화되어 척추를 따라 상승하게 된다. 이러한 척추를 따라 상승하는 쿤달리니가 머릿속에 있는 생각하는 의식을 치게 됨으로써 의식이 아래 쿤달리니를 의식하는 것을 본성을 보게 되는 것으로 인식하는 경우가 있고, 쿤달리니 상승이 너무 세게 일어나 의식을 쳐부수는 순간 무(無)를 경험하게 되고 의식이 다시 돌아오면 무를 경험한 과정을 견성으로 의식하는 경우가 있다. 쿤달리니 요가에서는 첫 번째를 소쿤달리니라고 하고 두 번째 경우를 대쿤달리니라고 한다. 선승들의 깨달음의 경우는 대부분 전자라고 여겨진다. 대쿤달리니를 경험하면 마음장상(馬陰藏相), 즉 구축불거(龜縮不擧)가 일어나며 꿈에 나오는 음신(陰神)이 깨져 버려 무아를 성취하게 된다고 한다.

아주 흥미로운 사실은 무슨 화두로 수행을 하고 있었던지 관계없이 그 경험이 화두의 답이 된다는 사실이다. 모든 화두는 그 경험을 통해 이해가 된다. 모든 화두가 그 경험을 유발하기 위해 고안되어 있다는 것이다.

성명쌍수(性命雙修)의 입장에서 보면 도가에서 허공을 증험하

---

33 간화선(看話禪) 또는 공안선(公案禪)은 1,700개에 달하는 불교의 법문에 관한 질문, 예를 들면 "보고 듣고 앉고 눕고 잠도 자고 일도 하는 나, 이것이 무엇인가?" 등과 같이 의문하는 공안(公案), 즉 화두(話頭)의 염을 지속하는 방법으로 수행하는 것을 말한다.

는 것과 불가에서 견성은 수행의 끝이 아니며[34] 진정한 수행의
시작이다. 이때 영이 살아나는 것이며 기독교에서 중생에 해당
하는 것으로 보인다.

동양 종교에서 말하는 우주의 본질과
하나님의 무인격적 속성

— 유불선으로 대표되는 동양 종교에
서는 우주의 본질을 인격이 아닌 무인격적인 것으로 표현하는
것이 일반적이다. 불교나 유교 또는 도교에서 말하는 우주의 본
질인 '불성(佛性)', '역(易)' 또는 '도(道)', '무극(無極)'은 하나님의
무인격적 속성과 관련되어 있는 것으로 보인다.

동양 종교에서 우주의 본질은 '허(虛)', '공(空)' 등으로도 표현
되며 일반인도 알아들을 수 있는 쉬운 예가 허공(虛空)이다. 즉
우주의 본질은 자존성, 영원성 또는 불생불멸성 등임을 알 수 있
다. 불생불멸성에 대해 좀 더 살펴보면, 우리가 사물을 어느 장
소에 있게 하거나 치워 버림으로 사물이 있고 없음을 말할 수 있
지만 허공은 그렇지 않아 절대유(絶對有)의 표징으로 사용된다.

---

34 화엄경 보현행원품을 보면 불교에서 참회의 방법은 사참(事懺)과 이참(理懺)이 있다. 이
    중 이참(理懺)게를 보면, '罪無自性從心起(죄무자성종심기) 心若滅時罪亦亡(심약멸시죄역
    망) 罪亡心滅兩俱空(죄망심멸양구공) 是卽名謂眞懺悔(시즉명위진참회)', "죄는 자성이 없
    고 마음 따라 일어나는 것이라. 마음이 멸하면 죄 또한 사라지나니 죄망심멸하여 둘
    다 공해지면 이를 일러 진정한 참회라고 한다."라고 되어 있다. 이것은 심멸이 견성이
    니 견성이 진정한 참회라는 뜻이다.

기독교에서 무인격적 하나님의 특성은 시작도 끝도 없는 영원성, 자존자 등이다. 히브리서 1장 10~12절에 "또 주여 태초에 주께서 땅의 기초를 두셨으며 하늘도 주의 손으로 지으신 바라. 그것들은 멸망할 것이나 오직 주는 영존할 것이요 그것들은 다 옷과 같이 낡아지리니 의복처럼 갈아입을 것이요 그것들은 옷과 같이 변할 것이나 주는 여전하여 연대가 다함이 없으리라."라고 기록되어 있는 것은 하나님의 무인격적 특성 중 하나인 영원성을 보여 준다. 또한 출애굽기 3장 14절에는 하나님께서 구약의 선지자 모세에게 자신을 계시하기를 "하나님이 모세에게 이르시되 나는 스스로 있는 자이니라 또 이르시되 너는 이스라엘 자손에게 이와 같이 이르기를 스스로 있는 자가 나를 너희에게 보내셨다 하라."라고 하였는데, 이는 그의 자존성을 말씀하신 것이다.

또한 기독교에서는 이러한 하나님의 무인격적 속성 중의 하나인 자연의 법칙을 불변적인 것이라고 보지 않고 한 번 변하였

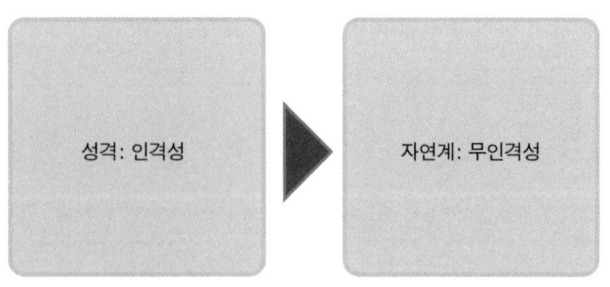

| 기독교에서는 하나님의 인격적 속성이 자연계에 나타난 무인격적 속성보다 우위에 있다고 본다.

고 변할 수 있는 것이라고 말하고 있다. 즉 하나님의 인격적 속성이 무인격적 속성보다 위에 있다는 것이다.

"주께서 옛적에 땅의 기초를 놓으셨사오며 하늘도 주의 손으로 지으신 바니이다. 천지는 없어지려니와 주는 영존하시겠고 그것들은 다 옷같이 낡으리니 의복같이 바꾸시면 바뀌려니와 주는 한결같으시고 주의 연대는 무궁하리이다."(시편 102편 25~27절)

이런 맥락에서 아담과 하와가 죄를 짓기 이전의 세계와 이후의 세계를 비교하면 죽음이 없는 세계에서 죽음과 노동과 고통이 있는 완전히 다른 세계[35]가 되었다. 죄를 지은 후의 세계는 완전히 다른 자연법칙이 지배하는 세계로 바뀐 것이다. 그리고 자연법칙이 다시 한 번 미래에 바뀔 것이라고 말하고 있다.

"또 내가 새 하늘과 새 땅을 보니 처음 하늘과 처음 땅이 없어졌고 바다도 다시 있지 않더라 …… 다시는 사망이 없고 애통하는 것이나 곡하는 것이나 아픈 것이 다시 있지 아니하리니 처음 것들이 다 지나갔음이러라."(요한계시록 21장 1~4절)

부활체, 법신, 양신의 특징

—   성경에 기록되어 있는 부활체의 특징은 고린도전서 15장 53절의 "이 썩을 것이 반드시 썩지 아니

---

35   최소한 생물학적 법칙이 다른 세계이다.

할 것을 입겠고 이 죽을 것이 죽지 아니함을 입으리로다."라는 구절에서 보는 바와 같이 첫째는 영원불멸이다. 둘째는 성이 남성도 아니고 여성도 아닌 중성이다. "부활 때에는 장가도 아니 가고 시집도 아니 가고 하늘에 있는 천사들과 같으니라."(마태복음 22장 30절)[36]

다음은 물리적 공간을 초월하는 것이다. "이 날 곧 안식 후 첫날 저녁 때에 제자들이 유대인들을 두려워하여 모인 곳의 문들을 닫았더니 예수께서 오사 가운데 서서 이르시되 너희에게 평강이 있을지어다."(요한복음 20장 19절)라는 성경의 기록을 보면 알 수 있다. 그럼에도 불구하고 다음의 성경 구절을 보면 육체와 흡사하게 만질 수 있다는 것을 알 수 있다. "내 손과 발을 보고 나인 줄 알라. 또 나를 만져 보라. 영은 살과 뼈가 없으되 너희 보는 바와 같이 나는 있느니라."(누가복음 24장 39절)

법신과 양신[37]도 동일한 특징을 가지고 있다는 것을 여러 기록을 보면 알 수 있다.

---

36 부처의 33가지 특징 중 하나로 말의 그것과 같이 감추어져 있다는 표현인 마음장상(馬陰藏相)이 있으며, 도가에서는 거북의 그것과 같이 양물이 수축한 것을 가르키는 구축불거(龜縮不擧)를 도를 이루었다는 증거로 이야기한다.

37 陽神者(양신자) 顯然出現(현연출현) 變化莫測(변화막측) 世人之不能見者(세인지불능견자) 能見之(능견지) 不能爲者(불능위자) 能爲之(능위지) 世間之所無(세간지소무) 能有之(능유지) 所有者(소유자) 能無之(능무지) 人人(인인) 共見此神通之能(공견차신통지능) 顯於世者(현어세자) 曰陽神(왈양신). 양신이라고 하는 것은 그 변화를 예측할 수 없다. 세상 사람들이 보지 못하는 것을 능히 보며, 하지 못하는 것을 능히 하며, 세상에 없는 바를 능히 있게 하며, 있는 것을 없게도 한다. 그 신통한 작용이 세상에 드러나 사람마다 모두 함께 다 같이 볼 수 있음을 양신이라고 한다.(개운조사 "양신론")

양신(陽神)과 음신(陰神)의 차이

불교의 전등록[38]에 기록된 재미있는 이야기를 예로 들어 양신과 음신의 차이에 관해 설명하려고 한다.

중국의 송나라 신종 황제 때의 일이다. 당대에 양신 출신을 자유자재로 하던 장자양이라는 유명한 선인과 촉나라 선승의 도력 대결을 그린 이야기이다. 어느 날 장자양은 순식간에 천리 밖의 일을 보고 온다는 촉나라의 선승에 관한 이야기를 듣고 선승을 찾아가 도력을 겨루었는데, 수천 리 떨어진 양자강 하류의 양주에 가서 꽃 한 가지씩을 꺾어오는 내기였다. 함께 출신하여 양주에 다녀 온 장자양의 손에는 꽃 한송이가 들려 있었지만 촉나라 선승의 손에는 잎사귀 하나도 들려 있지 않았다는 이야기이다.

장자양은 양신 출신을 하였지만 촉나라 선승은 음신 출신을 한 것이다. 양신은 물리공간의 물질과 서로 상호 작용할 수 있지만 음신은 단지 볼 수만 있고 물질에 영향을 받거나 영향을 미칠 수 없는 것이다.

두 개의 인과론

—   근대 과학 이전의 동양에서는 인간을 지배하는 원리가 천지를 지배하는 원리와 동일하다고 생각

---

38 중국의 송나라 때 사문(沙門) 도원(道原)이 지은 불교 역대 조사의 선종계보와 조사들의 어록을 기록한 책이다.

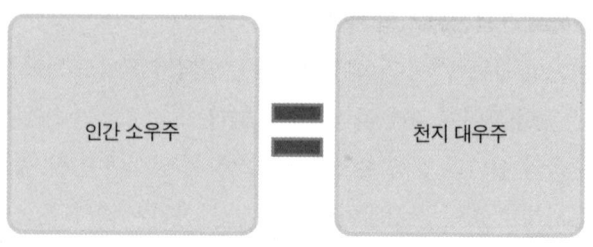

| 인간 소우주 = 천지 대우주

근대 과학 이전의 동양에서는 인간을 지배하는 원리가 천지를 지배하는 원리와 동일하다고 생각하였다.

하였다. 또한 인체를 소우주라고 생각하여 천지의 축소판이라고 여겼다. 다음과 같은 동양의 고전을 보면 이를 확연히 이해할 수 있다.

"원상에 이르기를 수건복곤(首乾腹坤) 천지정위(天地定位)라 하였으니, 머리는 곧 하늘이요 배는 곧 땅이 되는 것이다. 이감목리(耳坎目離) 일월명광(日月明光), 귀와 눈은 곧 하늘의 일월에 비유될 수 있고 구태수간(口兌手艮) 산택통기(山澤通氣)라, 입과 손은 산과 물에 흡사하며, 고손족진(股巽足震) 뇌풍동작(雷風動作)이니, 팔과 다리의 사지는 곧 우레나 바람과 같은 것이니라."

"우리에게는 두 권의 책이 있다. 그 하나는 성경이요, 나머지 하나는 자연계이다." 이것은 근대 과학 초기 인물인 갈릴레오 갈릴레이가 한 말이다. 이것을 보면 서양에서도 성경과 자연이 동일한 계시를 주는 것으로 믿었다는 것을 알 수 있다. 당시 서양인들은 성경이 주는 계시를 특별계시라고 여겼고 자연이 주는 계시를 일반계시라고 믿었다. 로마서 1장 20절에 바울이 기록한 말씀도 동일한 메시지를 전하고 있다.

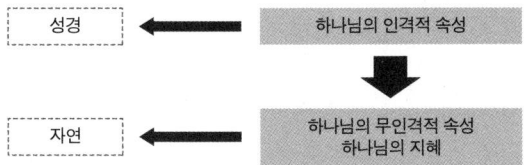

| 하나님이 주신 두 권의 책인 성경과 자연. 근대 과학 이전에는 성경은 하나님의 인격적 속성의 표현이며 자연은 하나님의 무인격적 속성을 보여 주는 것이라고 믿었다. 또한 성경에서는 하나님의 인격적 속성이 무인격적 속성보다 우위에 있다고 보았다.

"창세로부터 그의 보이지 아니하는 것들, 곧 그의 영원하신 능력과 신성이 그가 만드신 만물에 분명히 보여 알려졌나니 그러므로 그들이 핑계하지 못할지니라."(로마서 1장 20절)

그렇지만 이러한 종교와 과학의 조화는 근대 과학이 발전하면서 깨져 버렸다. 과학이 물질적인 인과론을 발견하게 된 것이다. 문학 작품이나 영화, 텔레비전 프로그램에 나오는 이야기에는 아직까지 도덕적 인과론이 많이 남아 있지만 이전에 비해 도덕적 인과론이 많이 약화되었고 신앙심이 깊은 사람들만이 갖

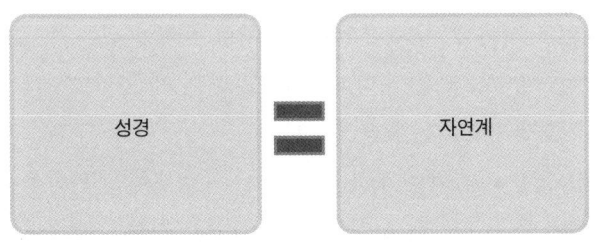

| 근대 과학 이전의 서양에서는 성경에서 계시하는 것과 자연을 통해 계시하는 것이 동일한 계시라고 믿었다.

는 덕목으로 전락하여 도덕적 기반을 심각하게 훼손하게 되었다.

"엘리압의 아들은 느무엘과 다단과 아비람이라. 이 다단과 아비람은 회중 가운데서 부름을 받은 자들이니 고라의 무리에 들어가서 모세와 아론을 거슬러 여호와께 반역할 때에 땅이 그 입을 벌려서 그 무리와 고라를 삼키매 그들이 죽었고 당시에 불이 이백오십 명을 삼켜 징표가 되게 하였으나"(민수기 26장 9~10절)

위 성경 구절은 물리적 공간에서 일어나고 있는 일련의 물리적 과정이 정신적 공간에 의해 시작되었다고 이야기하고 있다.

언뜻 보기에 다른 이야기를 하고 있는 두 인과론은 양립할 수 있을까? 다음과 같은 비유를 통해 그 가능성을 엿볼 수 있다고 생각한다. 예를 들어 컴퓨터 자판 앞에서 일기를 기록하고 있는 컴퓨터 사용자가 있고 우리는 컴퓨터 하드웨어 기판을 바라보고 있다고 하자. 컴퓨터 기판을 바라보고 있으면 전자가 발생하고 흐르며 증폭되는 등의 일련의 물리적 과정을 볼 수 있고 우리는 이것들이 어떻게 일어나고 있는지 설명할 수 있을 것이다. 하지만 컴퓨터 자판 앞에서 기록하고 있는 일기의 내용을 알 수는 없을 것이다. 이와 같은 예에서처럼 '어떻게'라는 것을 통하여 자연을 기술하는 과학이 '왜'라고 하는 의미와 그 위에 있는 기제를 놓치고 있는 것은 아닐까?

이와 같이 과학은 육하원칙 중에 '어떻게'에만 관심을 가질 수밖에 없는 태생적 한계가 있다. 21세기 과학의 발전이 이러한 두 인과론의 관계를 확실히 규명해 주기를 바랄 뿐이다. 즉

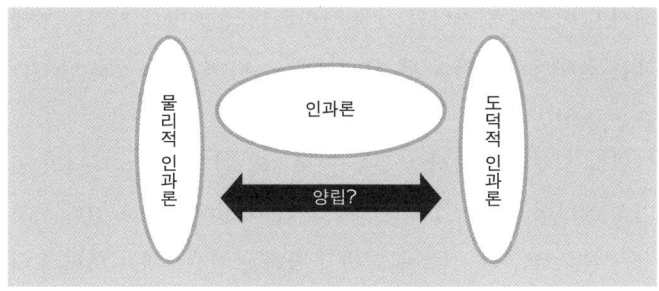

| 과학과 종교에서 말하는 두 개의 인과론, 과연 양립할 수 있는가?

과학이 더욱 발전하면서 과학자들이 과학의 한계를 깨닫고 새로운 패러다임을 갖추어 종교에서 말하는 도덕적 인과론과 물질적 인과론의 관계를 규명하여 인류 도덕의 근본인 도덕론적 인과론을 회복하기를 기대해 본다.

기독교와 불교의 도덕적 인과론의 차이

― "인자를 천대까지 베풀며 악과 과실과 죄를 용서하나 형벌 받을 자는 결단코 면죄하지 않고 아비의 악을 자녀 손 삼사 대까지 보응하리라."(출애굽기 34장 7절)

"여호와는 노하기를 더디고 인자가 많아 죄악과 과실을 사하나 형벌 받을 자는 결단코 사하지 아니하고 아비의 죄악을 자식에게 갚아 삼사 대까지 이르게 하리라 하셨나이다."(민수기 14장 18절)

"나를 미워하는 자의 죄를 갚되 아비로부터 아들에게로 삼사 대까지 이르게 하거니와 나를 사랑하고 내 계명을 지키는 자에게는 천대까지 은혜를 베푸느니라."(출애굽기 20장 5~6절, 신명기 5장 9~10절)

위의 성경 구절에서 보듯이 기독교의 인과론은 하나님의 인격적 예정에 따라 조상의 선악이 후대에 전해질 수도 있다는 것을 근본으로 한다. 이는 불교에서 말하는 전생론과는 확연히 대비되는 것이다. 또한 우리의 전래적인 인과론도 기독교의 인과론과 맥을 같이한다. 잘되면 조상 덕, 못되면 조상 탓이라는 말이 있듯이 조상의 선악이 후손에게 영향을 미친다고 생각하였다. 이와 더불어 조상의 묘 자리가 후손에게 영향을 미친다는 풍수지리설은 인과론과는 별개라고 생각하기 쉬우나 풍수지리설의 여러 이야기 가운데는 여전히 인과론이 흐르고 있다. 예를 들면 좋은 묘 자리는 아무에게나 주어지는 것이 아니라는 이야기와 같은 것들이다.

과학의 확률론적 결정론

―   뉴턴이 만유인력 법칙[39]을, 쿨롱이 전자기력[40]을 발견하고, 우주의 기본 구성 요소가 입자라는 생각이 확산되면서 결정론적 세계관이 나타나기 시작하였다. 만

---

39 질량이 m_1, m_2이고 거리가 r인 두 물체에 작용하는 힘은 $\dfrac{m_1 m_2}{r^2}$에 비례한다.

40 전하가 q_1, q_2이고 거리가 r인 두 물체에 작용하는 힘은 $\dfrac{q_1 q_2}{r^2}$에 비례한다.

약 우주의 기본적 구성 요소가 입자이고 모든 입자의 초기 조건인 위치와 운동량을 알고 운동량을 변화시키는 입자의 운동을 지배하는 힘의 방정식을 안다면 미래의 모든 일이 결정될 것이라는 주장이다. 이 주장에 따르면 입자가 우주의 근본 구성 요소이며 입자만이 존재하고 정신 현상을 포함하는 모든 현상들은 입자의 운동에 따라 나타나는 부수적인 현상이며 모든 변화는 입자의 운동에 의해 바뀌며 변화는 힘에 의해서만 나타난다.

이러한 결정론적 세계관은 양자 역학이 등장하면서 확률론적 결정론으로 바뀌게 된다. 양자역학에 따르면 입자의 초기 조건인 위치와 운동량에 대한 불확정성[41]이 존재하기 때문이다. 또한 입자만이 존재하는 것이 아니며 파동도 존재하고 입자도 파동성을 갖는다[42]는 것이 밝혀지면서 과학의 확률론적 결정론이 자리 잡게 되었다.

물리계의 분류와 과학 속에서 본 신(God)

—   과학은 물리계를 수식으로 표현하고 이를 이용해 반복되는 현상을 예측할 수 있다고 믿는 단단한

---

41 위치와 운동량은 불확정적 성질을 갖게 되고, 위치의 불확정적 표준 편차 Δx 와 운동량의 불확정적 Δp 에 대하여 $\Delta x \Delta p \geq \hbar/2$가 성립한다.

42 드브로이(de Broglie)파로 알려져 있으며, 모든 입자는 파동의 성질을 갖는다. 운동량 p 를 갖는 입자의 파장은 $\lambda = \dfrac{h}{p}$ 이다. 여기에서 h 는 플랑크(Planck) 상수이다.

(hard) 과학과 기원과학[43], 경제학 등을 포함하는 복잡계로 대표되는 무른(soft) 과학으로 분류할 수 있다. 단단한 과학에서 다루는 물리계는 고체에서 원자가 주기적 격자로 배열되어 있는 경우와 같은 질서정연계와 원자들이 기체 상태에 있을 때와 같은 대표적인 무질서계가 있다. 이러한 두 계에서는 물리 법칙이 수식으로 표현될 수 있으며, 확률론적 결정론에 따라 예측할 수 있다.[44]

그러나 우리 주변의 물리계는 실험실과 같이 인위적으로 조작된 환경으로 분리하지 않는다면 복잡계로 분류되는 물리계이다. 최근에 이러한 복잡계는 단단한 과학으로 환원되어 설명되지 않을 것이라는 의견이 지배적이다. 복잡계는 확률론적 결정론에서 나타나는 것보다 우연이라는 확률이 더 많이 지배하는 세계이다.

확률 속에 거하는 신

—   현대 과학의 환원론적 세계관[45]에서는 모든 물질 현상을 포함하여 생명 현상과 인간의 정신 현상

---

43 과학에서 기원과학은 우주의 기원을 연구하는 우주론(cosmology)과 생명의 기원을 다루는 진화론(evolutionism)을 말한다.

44 페르박 지음, 정형채, 이재우 옮김(2012), 『자연은 어떻게 움직이는가: 복잡계로 설명하는 자연의 원리』 한승.

45 모든 과학자가 환원론을 믿는 것은 아니지만, 암묵적인 가정과 대체적인 경향성이 존재한다고 본다.

까지도 물질과 에너지의 운동에 의해 나타나는 현상이라고 보았다. 그리고 이러한 암묵적 가정은 많은 물리적 현상을 설명할 수 있었다. 만약 현대의 과학이 옳다면 현대 과학의 틀 속에는 종교에서 말하는 신과 같은 영적 존재들이 물리적 세계에 영향을 미친다는 것이 자리할 수 없다는 말인가?[46]

현대 과학은 확률론적 결정론을 말하고 있다. 하지만 확률에 대해 잊지 말아야 할 중요한 사실이 있다. 확률을 말할 수 있지만 확률적 사건의 순서는 인간의 과학 한계를 벗어나 있다는 것이다. 고전적 사건이라서 조금 부적합할 수도 있지만 이해를 돕고자 예를 하나 들어 보자. 주사위를 던져 숫자 1에서 6까지 나올 확률이 동일하게 1/6이라는 사실은 잘 알고 있다. 하지만 어떤 순서로 1/6의 확률이 지켜질지는 모른다. 다시 말하면 과거의 주사위 결과 데이터를 아무리 많이 가지고 있어도 다시 주사위를 던져 1에서 6의 숫자 가운데 어떤 숫자가 나올지는 알 수 없는 것이다.[47]

인간은 이러한 자신의 한계를 고대로부터 무의식적으로 잘 알고 있었던 것처럼 보인다. 과거의 모든 초월적 존재에게 신탁(神託)을 물을 때 제비를 뽑는다거나, 카드를 사용하여 점을 칠 때, 또는 동양에서 점괘를 뽑을 때 확률적 사건을 사용해 왔다.

---

46 환원론을 가정할 때 영적 존재들이 과학의 틀 안에 자리할 수 있는 최소한의 영향력을 의미한다.

47 이러한 무작위 확률적 사건의 순서를 수학의 확률과 통계 이론에서는 마코프 과정(Markov process)이라고 부른다.

성경에는 어떤 중대한 일을 결정하기 위해 하나님의 뜻을 물을 때에 제비를 뽑아 결정한 경우가 많이 나타나 있다.

"그들이 서로 이르되, 자 우리가 제비를 뽑아 이 재앙이 누구로 인하여 우리에게 임하였나 알자 하고 곧 제비를 뽑으니 제비가 요나에게 당한지라."(요나 1장 7절)

신약성경에서도 그러한 예를 찾아볼 수 있다.

"제비 뽑아 맛디아를 얻으니 저가 열한 사도의 수에 가입하니라."(사도행전 1장 26절)

이 방법의 정당성에 대한 성경적 지지는 잠언서에서도 발견할 수 있다.

"제비는 사람이 뽑지만, 결정은 주님께서 하신다."(잠언 16장 33절)

현대 과학 속에서 신은 어디에 존재하는가? 현대 과학은 다체계를 다루는 데에 있어서 확률을 사용할 수밖에 없는 한계를 가지고 있다. 즉 확률은 말할 수 있으나 사건이 일어나는 순서는 알 수 없는 한계를 지니는 것이다. 위의 성경 구절들을 상기해 보면 우리는 기독교에서 지칭하는 신인 하나님께서 그 확률 속에서 역사하고 계시는 것을 볼 수 있다. 그런 측면에서 보면 현대 과학의 틀 안에서 볼 때, 신의 기적도 확률 속에서 존재할 수 있다. "과학의 틀 안에서 볼 때 기적은 확률이 극히 낮은 일이 일어난 것일 뿐이다."라는 것을 알 수 있으며, 생명의 진화론에도 동일한 논리를 적용할 수 있다.

세계적인 물리학자 스티븐 호킹(Steven Hawking)은 『위대한 설계(The Grand Design)』라는 책에서 "물리학이 우주와 존재에 관한 본질적인 의문을 모두 설명할 수 있게 되었다."라고 하면서 "우주의 창조를 위해 신이 필요 없다."라고 주장하였다. 이 이론에 따르면 우주는 양자요동의 확률 속에서 만들어질 수 있다고 한다. 그의 상상 속에서 우주는 무수히 만들어질 수 있으며 우리의 우주는 그 중 하나로 우리가 생존할 수 있게 된 우주라는 것이다. 역시 그의 주장 속에도 확률이 존재하며 필자는 그 확률 속에 신이 존재한다고 말하고 싶다.

지금 현대 과학에서 신은 확률 속에 있으며 우리의 무지가 신의 앎에 이르러 확률 속에서 신을 발견하기를 기다리고 계시는 것일지도 모르는 일이다.

기독교의 인격적 예정론

—   앞에서도 언급하였지만 기독교는 우주의 속성이 인격적 속성과 무인격적 속성의 두 가지로 되어 있으며 인격적 속성이 무인격적 속성보다 우위에 있다고 보고 있어 우주의 근본 본질을 인격으로 파악하고 있다. 이런 의미에서 기독교의 예정론은 인격적 예정론이라고 말할 수 있다. 하나님의 말씀이 실제적 사건으로 발생하는 것을 예정의 근본으로 삼는다. 다음의 성경 구절이 이를 뒷받침해 준다.

"내 입에서 나가는 말도 이와 같이 헛되이 내게로 되돌아오지 아니하고 나의 기뻐하는 뜻을 이루며 내가 보낸 일에 형통함

이니라."(이사야 55장 11절)

　이러한 하나님의 뜻은 크로노스의 때가 아닌 카이로스의 때를 따라 성취된다. 그러므로 인간의 입장에서 아무도 그때, 즉 크로노스의 때를 알지 못하는 것이다.

　"그러나 그날과 그때는 아무도 모르나니 하늘의 천사들도, 아들도 모르고 오직 아버지만 아시느니라."(마태복음 24장 36절)

　또한 이러한 신적인 말씀의 권위는 농서양의 왕들이 흉내 내어 한 번 뱉은 왕의 명령은 되돌릴 수 없다는 전통을 만들어 내었다.

환원론과 비환원론

—　　　　　　　　　　과학은 암묵적으로 인간의 정신과 영의 작용에 관해 환원론을 전제로 하고 있는 것처럼 보인다. 과학의 생물 진화론에 따르면 인간의 정신과 영의 작용은 물질로부터 가장 많이 진화해 온 인류가 갖는 특권이며 정신과 영은 물질의 작용에 의해 나타나는 실체가 물질인 물질의 환원론적 부산물이다. 즉 인간의 정신이 만들어 내는 정신공간은 컴퓨터가 만들어 내는 가상공간과 같은 공간으로 생각된다는 것이다. 하지만 인간의 정신은 물질에 영향을 미칠 수 있다는 면에서 컴퓨터의 가상공간과는 다르다. 정신은 최소한 자신의 몸에 영향을 미친다는 것이 잘 알려져 있다. 예를 들면 사람이 행복함을 느낄 때에는 도파민이라는 신경전달물질이 분비되고,

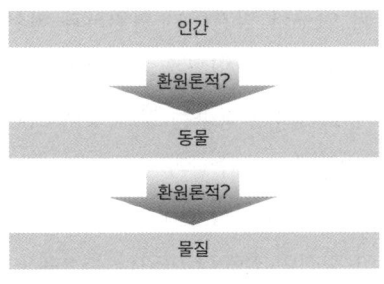

| 인간과 동물은 물질과 에너지의 작용으로 나타나는 환원론적 산물인가?

과도한 정신적 스트레스는 암을 유발할 수 있는 것으로 알려져 있다.

반면 종교에서는 예로부터 인간의 영혼이 물질과 별개로 선험적으로 존재한다고 보았으며 물질과 독립적으로 존재한다고 믿어 왔다. 종교에서는 대체적으로 비환원론을 믿고 있는 것이다.

최소한 다음의 경우를 생각해 보면 우리는 환원론만으로는 부족하다는 것을 알 수 있다. 즉 우리의 생각을 결정해서 몸이 행동하도록 하는 많은 것들이 자연과학의 법칙과는 별개로 정신 속에서 다른 논리를 따라 일어난다는 것이다. 예를 들면 눈앞에 빵이 있고 배가 많이 고프지만 자신의 것이 아니기 때문에 먹지 말아야 한다고 생각하고, 그러한 도덕적 논리에 따라 빵 대신 물을 마시도록 결정하게 되는 경우가 있다. 이러한 도덕적 논리는 물질의 법칙과는 완전히 다른 별개의 논리이다.

21세기에는 뇌 연구가 발전하여 환원론과 비환원론 사이에 어느 것이 맞는지 판별할 수 있기를 기대해 본다.

  아래 그림은 종교에서 주장하는 것이 맞다고 가정하였을 때 과학이 더 발전하여 종교적 주장과 부합하게 되는 순서도를 그린 것이다. 먼저 앞으로 뇌과학 연구를 통해 비환원론적인 것이 맞다고 밝혀지고 정신이 몸뿐만 아니라 물질에도 영향을 미치며 부활체, 양신, 법신처럼 허공으로 몸을 삼는 비가시적 영적 존재들을 인정하는 순서를 밟아갈 것이다. 이러한 관점에서 볼 때 우리는 기적을 재해석해야 할 필요를 느끼게 된다. 기적이란 정신이 관여해서 일어나는 모든 물리적인 사건들을 지칭하는 것으로 바뀌어야 한다. 그렇다면 이 세상의 모든 사건의 발생은 자연과학의 물리적 법칙에 따라 일어나는 사건과 비환원론적인 정신이 관여하여 일어나는 사건들로 구분될 수 있다. 물론 도덕적 인과론과 물질적 인과론의 이중 구조를 인정한다면 이 세상의 모든 사건의 발생은 정신 또는 영적인 작용으로 일어나는 것이다.

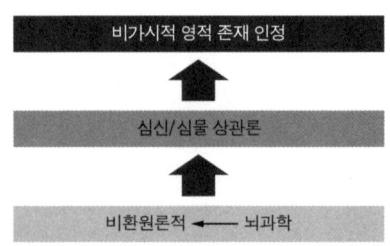

| 종교에서 주장하는 것이 옳다고 가정할 때 과학이 발전하여 종교적 주장과 일치하게 되는 순서도

기독교에서 비환원론의 신학적 근거

— 구약성경은 히브리어로 기록되어 있고, 신약성경은 헬라어로 씌어져 있다는 것은 잘 알려져 있는 사실이다. 앞에서도 이야기하였듯이 구약성경을 히브리어 원문으로 보면 창세기에서 맨 처음 우주를 만들었을 때와 동물과 인간을 만들었을 때 특별한 단어가 사용되고 있다고 신학자들은 말한다.[48] 예를 들어 '바라(bara)'라는 단어는 우리나라 사전에는 없는 '무로부터의 창조'라는 뜻이다.[49] 아무것도 없는 데서 물질을 창조하고, 다시 동물을 창조하고 인간을 창조하였다는 말은 무와 물질 사이에, 물질과 동물 사이에 그리고 동물과 인간 사이에 불연속적인 무언가가 있었다는 것으로 해석할 수 있으며 우리는 그것을 혼과 영이라고 말한다. 즉 동물에게는 비물질적인 혼이 그리고 우리에게는 비물질적인 영혼이 있었다는 말이다. 창세기 창조 다음의 이야기에서 인간은 원죄를 지어 하나님께로부터 분리되어 영이 죽게 되어 동물과 같이 혼만 갖는 사람이 된다.

---

48 무로부터 물질 창조: 태초에 하나님이 천지를 창조하시니라.(창세기 1장 1절)
동물의 창조: 하나님이 큰 바다 짐승들과 물에서 번성하여 움직이는 모든 생물을 그 종류대로, 날개 있는 모든 새를 그 종류대로 창조하시니 하나님이 보시기에 좋았더라.(창세기 1장 21절)
인간의 창조: 하나님이 자기 형상 곧 하나님의 형상대로 사람을 창조하시되 남자와 여자를 창조하시고(창세기 1장 27절)

49 물질과 에너지 보존을 믿고 물질과 에너지만을 고려하는 과학에서는 이러한 '무로부터의 창조'는 불가능하다. 우리의 일상에서 만드는 것이란 재료를 사용하여 한 가지 물질과 에너지 형태에서 다른 물질과 에너지 형태로 변형되는 것이 전부이다.

기적과 자연과학

—   기독교의 신과 같은 비물질적, 비가
시적 존재들이 물질세계에 영향을 미쳐 소위 기적이라는 것이
나타나 그것을 과학적으로 분석한다면 의미가 있을까? 만약 그
러한 기적이 즉각적으로 아무런 물리적 과정 없이 일어나는 것
이 아니라 아주 짧은 시간이 걸리더라도 물리적 과정을 통해 일
어난다면, 과학적 사유가 의미를 가지게 될 것이다.

기독교에서 우주 창조를 기적으로 간주한다고 해도 기적이
물리적 과정을 통해 일어난다면 우주론과 진화론이 의미가 있
는 학문으로 둘 사이에 조화가 가능할 것이다. 물론 서로 시간
의 경과에 대한 의견이 현격한 차이를 가져오겠지만 말이다.

가상공간과 정신공간

—   김지운 감독이 만들어 2012년에 개
봉한 "인류멸망보고서"라는 영화가 있다. 이 영화에 나오는 세
에피소드 중의 하나인 '천상의 피조물'[50]에는 깨달음을 얻은 로
봇이 등장한다. 필자는 이 영화를 보면서 서양의 인공 로봇 관
련한 영화에서는 혼의 영역에 해당하는 생각하는 로봇까지만
등장하지만 동양에서는 인간의 영의 영역까지 침범하여 깨달
음을 얻은 로봇이 등장하는 것을 보고 동양 문화의 심오함을 느

---

50 2004년 과학기술 창작문예 수상작인 박성환의 『레디메이드 보살』이 원작이다.

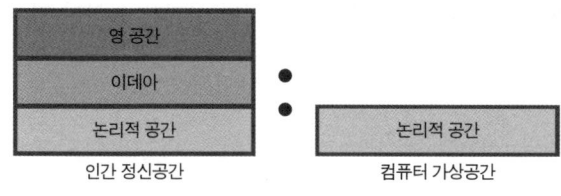

| 인간이 비환원론적이라는 가정 하에 인간 정신공간과 컴퓨터 가상공간 비교

낄 수 있었다.

　전기 에너지가 가해진 하드웨어 상에서 소프트웨어가 동작하는 것은 하드웨어 상에서 에너지와 물질의 운동에 의해 생기는 가상공간이다. 이것은 인간의 정신공간과 서로 닮아 있다. 만약 인간이 환원론적 존재라면 종교에서 말하는 비물질적이라고 여겨지는 영혼은 없는 것이며 인공지능 로봇이 발전하여 언젠가는 인간과 같은 로봇을 만들 수 있을 것이다. 만약 비물질적인 영혼이 있다면 인공지능이 아무리 발전해도 동물이나 인간과 같은 자아의식이 있는 인공지능을 만들 수 없을 것이며 단지 혼의 일부만을 흉내 내는 데 그칠 것이다.

　인간의 정신공간은 가상공간을 포함하고 있다. 인간의 몸이 사라지면 인간 정신이 만든 가상공간은 지속성이 거의 없고 가장 낮은 차원의 꿈속 정신공간은 완전히 사라지고 말 것이다. 꿈속 공간은 혼에 의해 창조되어진 공간이다. 인간의 몸이 죽은 후에 영혼은 진정한 정신공간을 경험하게 될 것이다.

　기독교에서는 인간이 타락하여 영이 죽어 동물과 같은 혼의

상태로 떨어졌으며 중생이라는 구원 사건을 통하여 영이 다시 살아나야 한다고 말하고 있다.[51]

과학의 한계

—   과학은 주로 '어떻게'라는 물질적 인과 과정을 연구해 왔다. 인간이 자연스럽게 가지게 되는 육하 원칙 중 오로지 '어떻게'라는 것에만 관심을 갖고 다른 여타의 의미와 형이상학적 이유를 추구하지 않는다. 이러한 과학의 특성은 인간이 추구하는 인생의 의미 등 인간의 모든 욕구 측면을 만족시킬 수 없다.[52]

과학은 혼의 영역이며 종교는 영의 영역이다. 혼은 생각의 세계이며 영은 생각이 멈추는 곳에서 시작된다. 과학이 완전한 의미 체계를 만들었을 때 제 종교에서 나타나는 의미 체계에서처럼 생각과 무념 사이의 경계선에 도달할 것이며 논리와 언어의 이원론적 극단에서 불립문자의 세계를 접하는 경계에 이를 것이다.[53] 즉 기독교나 도교, 유교, 불교 등의 모든 종교에서처럼 과학도 불립문자의 경계에 이르게 되는 것이다. 과학의 의미 체

---

51 신약성경 요한복음 3장에 나오는 예수님과 니고데모의 대화를 읽어 보라.

52 알리스터 맥그래스(Alister E. McGrath) 지음, 박태규 옮김(2011), 『우주의 의미를 찾아서』, 새 물결 플러스.

53 빛의 성질에 관한 입자성과 파동성의 이중성이 과학에서 나타난 이러한 예라고 볼 수 있을 것이다.

계 안에서 통합을 추구하는 인간 본성에 따라 과학이 완성된 의미 체계로 나아감에 따라 과학의 핵심어에 도달하는 일이 일어날 것이다. 이러한 때에 과학은 혼의 마지막인 불립문자에 도달할 것이며 영적 세계에 있는 종교를 만나게 될 것이다. 현재 과학에서는 물질과 에너지만을 탐구 대상으로 삼고 있지만, 뇌 과학이 발전함에 따라 인간 의식의 영역도 탐구하게 될 것이며 과학과 종교는 다시 만나게 될 것이라고 기대해 본다.

3.
맺음말
- 시간과 공간에 관한 소고를 마치며

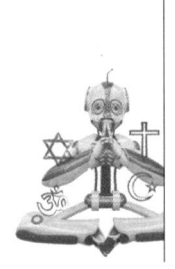

— 필자는 고등학교 때부터 기독교 신앙을 가졌는데 어떤 주제에 관해서는 종교에서 이야기하는 것과 학교에서 가르치는 것이 서로 다르고, 상충되어 보이는 것도 있어 이에 대해 많은 고민을 해 왔다. 이어 대학에서 천문학을, 대학원 석사과정에서 우주론과 계산물리를 공부하고 박사과정에서 과학계산 학문의 길을 걸으면서 과학과 종교를 사람의 양손에 비유하면서 둘을 조화시키려 노력하고 어떤 설명이 더 포괄적인지 알아내려고 노력해 왔다. 이 책은 그러한 필자의 고민의 흔적을 담은 책이다. 이 책에서 필자는 필자의 내면세계에 자리 잡은 과학과 종교 사이의 대화를 시간과 공간이라는 주제를 통하여 풀어내었다. 필자는 이제 과학과 종교 사이의 내적 갈등을 더 이상 느끼지 않는다.

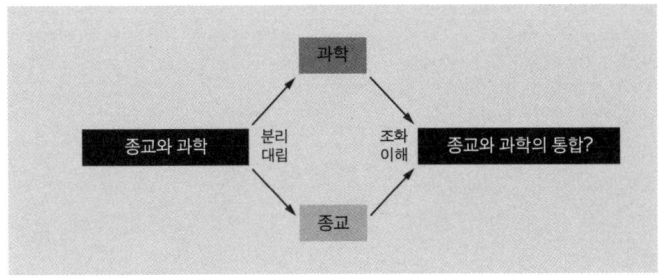

| 과학과 종교의 분리 대립의 시대를 지나 21세기에는 과학과 종교의 통합적 관점이 제시될 것으로 기대하고 있다.

　헤겔의 역사적 변증법[54]에 따르면 역사는 정반합의 과정을 거쳐 발전해 간다. 이러한 관점에서 보았을 때 근대 과학 이전을 '정', 근대 과학 이후를 '반'이라고 보면 21세기는 이제 바야흐로 합의 시대로 진입하는 시기라고 생각된다. 필자는 이 책이 그러한 시기로 접어드는 작은 시작이 되기를 소망해 본다.

54　변증법의 역사를 간략히 살펴보면, 소크라테스의 대화술로서 변증법이 플라톤의 진리를 탐구하기 위한 사유 방법으로, 그 후 칸트의 선험적 변증법을 거쳐 헤겔에 이르러 존재 자체의 발전 논리로서 변증법이 되었다. 후에 마르크스, 엥겔스의 자연변증법과 유물사관에 영향을 미쳤다.

과학과 종교의 시간과 공간

1판 1쇄 펴냄 | 2014년 9월 30일

지은이 | 황지옥
발행인 | 김병준
발행처 | 생각의힘

등록 | 2011. 10. 27. 제406-2011-000127호
주소 | 경기도 파주시 회동길 37-42 파주출판도시
전화 | 070-7096-1331
홈페이지 | www.tpbook.co.kr
티스토리 | tpbook.tistory.com

공급처 | 자유아카데미
전화 | 031-955-1321
팩스 | 031-955-1322
홈페이지 | www.freeaca.com

ISBN   979-11-85585-07-9 04200